案例式少儿编程100课

Scratch 3.0
编程基础及指令详解

薛燕红◎编著

清华大学出版社

北 京

内 容 简 介

本书是丛书"案例式少儿编程100课"的第1册。全书共16章，前3章介绍了计算机及其程序设计基础、Scratch3.0系统概述、Scratch3.0程序设计及其调试，其目的是让读者掌握Scratch3.0编程基础知识，为后续课程学习打下基础。第4～16章，针对Scratch3.0约140条指令，从指令解析、参数设置、举例和综合实例等四个方面给出了详细解析。

由于所有指令的解析均配有实例说明或综合案例，讲解详细、实例丰富，所以本书既适合老师教学，又适合家长陪伴孩子自学。本书可以作为中小学、教培机构的教材，也适合老师、家长、学生自学和参考，是新手和熟手的必备工具书。

图书在版编目（CIP）数据

Scratch3.0编程基础及指令详解 / 薛燕红编著．—北京：清华大学出版社，2020.8
（案例式少儿编程100课）
ISBN 978-7-302-56241-2

Ⅰ．①S…　Ⅱ．①薛…　Ⅲ．①程序设计—少儿读物　Ⅳ．① TP311.1-49

中国版本图书馆CIP数据核字（2020）第151670号

责任编辑：杨迪娜
装帧设计：杨玉兰
责任校对：徐俊伟
责任印制：杨 艳

出版发行：清华大学出版社
　　　　　网　　　　址：http://www.tup.com.cn，http://www.wqbook.com
　　　　　地　　　　址：北京清华大学学研大厦A座　　　　邮　　编：100084
　　　　　社 总 机：010-62770175　　　　邮　　购：010-83470235
　　　　　投稿与读者服务：010-62776969，c-service@tup.tsinghua.edu.cn
　　　　　质量反馈：010-62772015，zhiliang@tup.tsinghua.edu.cn
　　　　　课件下载：http://www.tup.com.cn，010-83470236
印 装 者：涿州汇美亿浓印刷有限公司
经　　销：全国新华书店
开　　本：203mm×260mm　　　印　张：13.5　　　字　数：263千字
版　　次：2020年10月第1版　　　印　次：2020年10月第1次印刷
定　　价：89.00元

产品编号：084195-01

丛书序

当前，我们处在一个全球信息化、网络化、智能化的崭新时代，我们的生产、生活和学习方式已经发生了巨大变化，且正在加速向全面的智能化迈进。编著和出版本丛书，是为了深入贯彻《国家中长期教育改革与发展规划纲要（2010—2020年）》《全民科学素质行动计划纲要》《国家创新驱动发展战略纲要》《教育信息化"十三五"规划》《新一代人工智能发展规划》，为推动未来教育、创客教育、素质教育，把我国建设成为创新型国家、教育强国和世界科技强国打下坚实的基础。

国务院于2017年7月10日发布的《新一代人工智能发展规划》（国发[2017]35号）的第五部分第六条指出："实施全民智能教育项目，在中小学阶段设置人工智能相关课程，逐步推广编程教育，鼓励社会力量参与寓教于乐的编程教学软件、游戏的开发和推广""支持开展人工智能竞赛，鼓励进行形式多样的人工智能科普创作"。

全国各地教育管理机构也相继出台政策、规划等。例如，2018年9月10日，重庆市教委下发《关于加强中小学编程教育的通知》（以下简称《通知》），就加强中小学编程教育提出要求。《通知》明确要求，小学3～6年级累计不少于36课时，初中阶段累计不少于36课时，各中小学至少配备一名编程教育专职教师。任何学校和个人不得以任何理由挤占编程教育课时。小学阶段以体验为主，通过游戏化教学、项目式教学等形式，强调借助积木式编程工具，通过对对象、模块、控制、执行等概念及作用的直观操作体验，感受编程思想。

"案例式少儿编程100课"中每一课的案例都贯穿了STEAM教育理念，并采用适合实现STEAM教育理念的PBL（Problem Based Learning）教学法进行讲解。PBL教学法是以问题为导向的、基于现实世界的、以学生为中心的教育教学方式。案例均来自于现实生活，或是一个故事，或是一个动画，或是一个游戏，体现STEAM教育的特征。"案例式少儿编程100课"中的每一课尽可能将Scratch案例与数学、物理、国学、旅游、美术、英语、音乐、信息技术、生活等知识和技能结合起来，实现了寓教于乐和多学科融合。

一、创新教育的必要性和紧迫性

伟大的中华民族是非常重视教育的，个人、家庭、政府、社会对教育的投入巨大，这个投入不仅是资金、资源的投入，也包括学生、家长和教师的宝贵时间。另外，我国的广大教师对知识点的传授、学生对知识点的掌握堪称世界之最，不仅量多，而且面广。

对于创新人才的教育，有三个十分重要的因素：知识、好奇心和想象力、价值取向。爱因斯坦曾经说过："大学教育的价值不在于记住很多事实，而是训练大脑会思考"。知识越多未必创造力越强，因为人接受的教育越多，知识积累多了，但好奇心和想象力可能减少，所以创造力并非随着受教育时间的增加而增加。儿童时期的好奇心和想象力特别强，但是随着受教育时间的增加，好奇心和想象力通常会逐渐递减。为什么？因为后来学的知识都是有框架和设定的，不论什么知识都是这样。

创造力确实需要知识的积累，但除了知识，还需要什么呢？爱因斯坦说过："我没有特殊的天赋，我只是极度好奇""想象力比知识更重要"。这就形成了创新人才教育上的一个悖论：更多教育一方面有助于增加知识而提高创造性，另一方面又因压抑好奇心和想象力而减少创造性。人工智能是通过机器进行深度学习来工作，而这种学习过程就是大量地识别和记忆已有的知识积累。

这样的话，它可以替代甚至超越那些通过死记硬背、大量做题而掌握知识的人脑。而死记硬背、大量做题正是目前培养学生的通常做法。

创新是民族发展的基石，基础教育是各教育阶段的重中之重。STEAM创新教育在世界范围内进行了丰富的教育实践，对于我国基础教育创新能力培养具有重要意义。基础教育作为各学段的重中之重，对于学习者的作用可谓辐射长远、影响一生，而基础教育中创新能力培养的重要性更是不言而喻。

二、我们的教育理念需要与时俱进：关于STEAM教育

长期以来，我们的教育存在着这样的问题：第一是时光颠倒，童年为升学战斗，升学后回到童年；第二是脑体倒挂，百般呵护身体，漠视精神成长，也许中国人的传统观念认为孩子的身体来自于父母，所以充满着身体崇拜，但对决定着我们生活质量和心灵品位的精神，却很少去关注；第三是学习错位，忽视解决问题的能力，培养解答试题的能力；第四是辈分和身份颠倒，孩子变成了会死记公式、会做题的"皇帝"，而爸爸妈妈则成为看着"皇帝"脸色行事的"奴才"。

STEAM代表所有学习主题在学科领域内与真实世界相联系。STEAM教育主张让学生通过项目学习来完成学业并获取新知，项目实践中包含知识、技能、创新能力的培养目标等。STEAM教育将科学、技术、工程、数学和艺术融合起来，不分学科地进行跨学

科、综合性和融合性教育。

STEAM 教育将现实生活中的问题分为科学、技术、工程、数学和艺术五大领域，让学习者回到现实生活，从探索的视角展开学习，并在综合学科视角下发现问题并解决问题。在 STEAM 教育中学生的学习不是为了名次、评比和优异的成绩单，而是为了实现学习者自身的内在价值。

多学科融会贯通，科学和数学对于基础教育阶段的学生相对深奥难懂，STEAM 教育通过技术、工程和艺术的参与，让这些学科内容融会贯通，抽象知识与工程技术相结合，学生也可以发散思维，并动手参与感兴趣的项目，享受探索学习的过程，在过程中学习多学科甚至是跨学科内容。

注重学习者学习体验，从 STEAM 教育活动的实践案例来看，STEAM 教育活动往往从源自生活的案例、常见的场景工具和教育科技产品中展开。从鲜活的学习情境出发，注重学生自身与学习内容的交互，关注学习者的学习体验，让学生在动手建构的过程中习得知识，实现学生的价值。STEAM 教育颠覆了以考试为主的教育模式，蕴含着新的教育哲学。

STEAM 教育还要求我们成为终身学习者，适应快速发展的社会。STEAM 教育的终极目标是：终身学习和整体学习。通过基础教育使科学、技术、工程、数学和艺术五大领域融会贯通，将学习与现实世界相联系，从现实中发现问题并解决问题，培养学生实践动手的创造能力，在过程中实现协作学习，

培养一种终身学习的能力和意识。

三、我们的教学方法需要快速改变：关于PBL教学法

PBL 是一种以问题为核心，以解答问题为驱动力，以分组阐述、展示、讨论及相互交流为手段，以激发学生积极主动自学、培养学生创新性思维为主要目标的全新的教学模式。PBL 的教学目标尤其要突出学生的独立自学能力、创新思维能力、资料组织能力的培养。学生应明确自己要查找的目标知识与信息，并在课外时间通过查阅有关书籍、杂志、文献或网络信息获取问题解答所需的新知识与新信息。在 PBL 式的学习讨论过程中，学生间围绕重要问题自我主持、相互交流、相互讨论、自我评价。在这种气氛中，学生之间不是相互竞争，而是相互合作、相互依赖、共同提高，但学生在学习过程中需承担更多的任务和责任。老师的角色发生了转变，他们由"教学核心""知识源泉"和"信息提供者"转换为学生求知过程中的合作者与引导者，即由"教"师转变为"导"师，从而使得学生的作用更加突出，素质更加全面，思维更加活跃。在教学过程中，教师的主要职责是辅助学生选择那些有价值的参考资料和技术信息，合理调动、组合各种知识和技术资源，指导、启发学生把注意力集中到解决问题上，并适当控制课堂教学进度和问题的难度。

教师鼓励学生大胆实践，大胆交流，建立自信，逐步培养善于解决实际问题的思

维和能力，从而改变传统教学中学生的被动地位，使学习成为一种积极、主动、灵活的过程，使 PBL 教学变成建立在学生兴趣与自觉性上的实践活动，成为学生的"精神大餐"。这样，学生不仅能通过多种渠道获得新的知识信息，而且学会了如何通过这种学习方式来解决实际问题，还有利于培养学生创新意识和创新能力。这种基于问题的讨论和问题解答的学习训练，将使学生受益终生。

PBL 是一套设计学习情境的完整方法，具有以下特征。

（1）从一个需要解决的问题开始学习，这个问题被称为驱动问题。

（2）学生在一个真实的情境中对驱动问题展开探究，解决问题的过程类似学科专家的研究过程，学生在探究过程中学习及应用学科思想。

（3）教师、学生、社区成员参加协作性的活动，一同寻找问题解决的方法，如同专家解决问题的方式和方法。在这里，没有固定的解决方法、过程和标准答案。

（4）学习技术给学生提供了脚手架，帮助学生在活动的参与过程中提升能力。

（5）学生要创造出一套能解决问题的可行产品或制品。它们是课堂学习的成果，是可以公开分享的。

（6）偏重小组合作学习和自主学习，是启发式和引导式教学而不是讲述式教学，学习者能够通过社会交往发展能力和协作技巧。

（7）以学生为中心，学生必须担负起学习的责任，教师的角色是指导认知学习技巧的教练。

（8）在每一个问题完成和每个课程单元结束时要进行自我评价和小组评价。

四、图形化编程的意义和作用

Scratch 是由美国麻省理工学院为所有对计算机充满好奇的孩子开发的一种软件创作工具，是一种可视化、积木式的创作工具，学生只需拖曳图形化的指令码，即可创作属于自己的故事、动画、游戏和音乐等数字化作品。它的出现很好地解决了小学生学习程序设计的种种问题，更重要的是，能够培养学生有序思考、逻辑表达、创新设计。

Scratch 之父说："使用 Scratch，你可以编写属于你的互动媒体，如故事、游戏、动画，然后可以将你的创意分享给全世界。Scratch 帮助年轻人更具创造力、逻辑力、协作力。这些都是生活在 21 世纪不可或缺的基本能力。"

很多关于 Scratch 的研究都将其定位于儿童编程入门语言，认为它能够让学生快乐地编程。事实上，Scratch 不仅是编程语言，还是创作工具，是表达工具。它能帮助学生进行有效的信息化表达和数字化创作，提升学生从语言到思维、从个人解决问题到团队合作等多方面的能力。

孩子玩别人的游戏叫"玩"，孩子玩自己设计的游戏叫"乐学乐创"。

（1）Scratch 编程促进学生语言表达能力的提高。学生在用 Scratch 进行创作的时候，当老师抛出一个主题后，学生首先要针对这个主题有一个好的创意，就像导演需要一个好剧本一样。在 Scratch 教学中，教师也可以有意识地引导学生用自然语言来描述他们的创意、想法、故事等，将孩子们生活中的童话故事、美术、音乐、舞蹈等与 Scratch 的教学结合在一起。随着教学的深入，学生将不断用语言描述他们的设想与故事。潜移默化中，孩子们的词汇量、语言表达能力将逐步增强，从简单的寥寥数语到完整叙述。Scratch 中一些指令的运用，更是能够有效增强语言叙述的逻辑性。让学生用 Scratch 进行信息化表达前，先用自然语言表达，当学生完成从编剧到导演的转变时，可以看到，学生对故事的叙述脱口而出，而创作作品和代码设计则是水到渠成。

（2）让学生成为小先生，促进学生学习主动性和兴趣的提升。例如，在讲授"快乐的反弹球"一课时，鼓励学生大胆实践，对这个简单的游戏进行改进和探索，可以给游戏编配合适的音乐，也可以改变游戏的难度，还可以给游戏设计更加好玩、具有比赛意义的"计分"功能。经过大胆想象、探索和实践操作，学生都会有一些探索收获，这时将有创意的作品给大家演示操作，讲解自己的经验与成果，同时给台下的学生答疑，如有疑难之处教师再适当给予点播和讲解。

（3）Scratch 让孩子们的思维和解决问题能力得到锻炼。在学生用 Scratch 创作的时候，他需要有创意、有想法，进而进行设计，然后测试，看其是否可行，发现错误并及时修正，听取别人的评价和意见后，修改设计使其更完美。在整个设计中又可能产生新的想法，总之这是一个不断上升的过程。在这个不断上升的过程中，无数的问题会自然生成，促使学生不断地去解决问题，从这个过程中获得成就感。Scratch 作为一种程序设计语言，它对于学生逻辑思维的训练是十分有益的。无论是前期设计时的语言描述，中期制作时舞台的设计、角色的移动、各种指令的运用、音乐的编配等，还是后期的反复修改、反复测试，都有助于他们完整而有创意地表达自己的想法，帮助他们成为一个逻辑清晰、思维有条理的人。

（4）Scratch 能有效提高学生团队的合作能力。在学完一节课后，可以引导学生如何改进和完善本课，如何借鉴已经学过的课程来举一反三，创作出更多更好的作品。这样，每个小组内的学生就在一起研究设计他们的作品，在创作过程中学生们都积极主动地参与到作品的设计中，各抒己见，独立思考，互相帮助。当他们完成自己的作品后，将作品分享给其他同学，相互交流，取长补短。正因为有了团队的学习，才使学生们有了互相学习、互相评价、互相修改完善的学习过程，从而提高了学生们的团队合作意识。Scratch 教学不仅教会学生熟悉一条条指令，还拓展了学生创新的思维，使学生的综合应用能力得到提高。

总之，在创作作品和编写代码的过程中，学生是编剧和导演！编程可以培养学生以下一些重要能力。

（1）逻辑推理——抽象思维能力。

（2）数学计算——数据化思考能力。自己编程实现逻辑的过程非常锻炼这一能力。

（3）问题解决——跨界思考能力。

（4）创新思维——系统工程思维能力。思考与设计游戏规则。

（5）联想判断——分析归纳能力。

（6）耐心缜密——合作自信能力。

（7）动手能力——动手实现程序逻辑以验证自己的思路。

（8）美术与音乐修养——给游戏设计图片、背景音乐、各种音效。

五、本丛书的目的和期望

教育部和北京师范大学的调研机构联合发布的有关 STEAM 教育的调查报告指出：目前，STEAM 教育的关键痛点和发展瓶颈是课程研发能力以及教育模式的落后。在课程研发方面，当前国内市场缺少有实力、有经验的研发团队；在教育模式方面，缺少对 STEAM 教育理念的充分了解，国外在 STEAM 教育上的探索已有数十年之久，国内与世界最先进的项目式推进、问题式启发的 STEAM 课程形式大相径庭。

"案例式少儿编程 100 课"丛书包括四册：《Scratch3.0 编程基础及指令详解》《Scratch3.0 案例式少儿编程初级 35 课》《Scratch3.0 案例式少儿编程中级 35 课》《Scratch3.0 案例式少儿编程高级 30 课》。

教育要面向未来，面向现代化，面向世界。经济社会转型、科技革命、新的全球化和教育发展的新阶段，正在积累学校形态变革的势能。人类迈向未来教育、未来学校、未来学习的步伐从未停止，而今天比工业革命以来的任何时候都更能体现深刻变革。我们有责任与志同道合者一起，共同面向未来，共同迎接挑战，共同探索实践，为教育创新开辟更加宽广的道路。而未来教育、未来学校、未来学习将与 STEAM 跨学科教育高度融合。

将 STEAM 教育理念融入图形化编程教育，并采用 PBL 教学法进行讲解，是我们的一次探索，疏漏和不足在所难免，恳请广大读者不吝赐教。

前言

Scratch3.0 系统的指令约有 140 条，有的简单，有的相对复杂。作者建议读者学习指令应该与程序设计和作品创作紧密结合起来。通过实例，逐步掌握和灵活应用指令。实际上，当你熟悉了这些指令后，你会认识到最重要的和最难的不是掌握这些指令，而是"创意"。从实际生活中发现创意并设计和优化"剧本"，有了剧本，才能根据剧本来设计素材及编写程序。

程序具有复杂性，有些程序看上去没有什么问题，但问题却隐藏其中。对于程序调试中的问题，要有耐心。程序是非常灵活的，为达到一个目的或效果，程序的设计也是千变万化的，可以有多种解决方法和实现路径。

多学习、多实践、多总结，举一反三，便会逐步得心应手，灵活运用。

好的程序除了保证程序的正确外，还要求程序"高效简洁"和"容易理解"。容易理解的程序会给自己和别人在调试程序和今后修改程序时带来极大的方便，而简洁的程序会提高程序的执行效率并有助于阅读程序。

将 STEAM 教育理念融入图形化编程教育，并采用 PBL 教学法进行讲解，是我们的一次探索，我们期望与大家一起，共同探索实践，为教育创新开辟更加宽广的道路。

由于时间和作者学识有限，书中的不足之处在所难免，敬请诸位同行、专家和读者指正。

目录

目录

目
录

第 1 章　计算机及其程序设计基础

1.1　计算机基本原理

我们经常所说的电脑，其全称是电子计算机。早期叫计算机，是因为其主要应用于科学计算。随着技术和应用的发展，计算机实际上是信息处理的电子化的机器，是信息化、网络化和智能化的关键设备。计算机极其复杂，涉及多方面的科学和技术。

1.1.1　信息技术的五次革命

在人类发展的历史中，信息技术经历了五次革命。

1. 第一次信息技术革命

第一次信息技术革命是语言的使用，发生在距今约 35000—50000 年前。语言成为人类进行思想交流和信息传播不可缺少的工具，是从猿进化到人的重要标志。

2. 第二次信息技术革命

第二次信息技术革命是文字的创造，大约在公元前 3500 年出现了文字，使人类对信息的保存和传播取得重大突破，较大地超越了时间和地域的局限。

3. 第三次信息技术革命

第三次信息技术革命是印刷术的发明，大约在公元 1040 年，我国开始使用活字印刷技术。印刷术的发明和使用，使书籍、报刊成为重要的信息存储和传播的媒体，其为知识的积累和传播提供了更为可靠的保证。

4. 第四次信息技术革命

第四次信息革命是电报、电话、广播和电视的发明和普及应用，使人类进入到利用电磁波传播信息的时代，进一步突破了时间和空间的限制。

5. 第五次信息技术革命

第五次信息技术革命始于 20 世纪 60 年代，其标志是电子计算机的普及应用和计算机与现代通信技术的有机结合。计算机与互联网的使用，将人类社会推进到了数字化的信息时代。

1.1.2　计算机系统组成

1. 计算机系统体系结构

计算机系统体系结构如图 1-1 所示。

可以看出，计算机系统非常复杂，它包括硬件和软件两大部分。硬件如同人的躯体，软件如同人的大脑，而操作系统（OS）就是整个计算机系统的大管家。计算机是按照人的要求接收和存储信息，自动进行数据处理和计算，并输出结果信息的电子机器。计算机是脑力的延伸和扩充，是近代科学的重大成就之一。

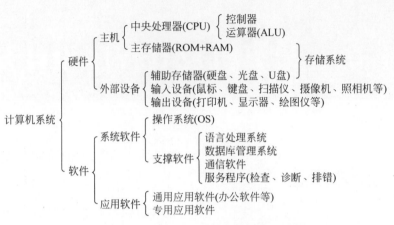

图 1-1　计算机系统体系结构示意图

操作系统是方便用户管理和控制计算机软硬件资源的系统软件，在操作系统的统一管理下，计算机系统的软件和硬件有条不紊地完成我们所交给的任务。

硬件系统主要由中央处理器、存储器、输入输出控制系统和各种外部设备组成。中央处理器是对信息进行高速运算处理的主要部件，其处理速度可达每秒几亿次以上。存储器用于存储程序、数据和文件，常由快速的内存储器（容量可达数百兆字节，甚至数吉字节）和慢速海量外存储器组成。各种输入输出外部设备是人机间的信息转换器，由输入和输出控制系统管理外部设备与主存储器（中央处理器）之间的信息交换。

软件分为系统软件、支撑软件和应用软件。系统软件由操作系统、实用程序、编译程序等组成。操作系统实施对各种软硬件资源的管理控制。实用程序是为方便用户所设，如文本编辑等。编译程序的功能是把用户用汇编语言或某种高级语言所编写的程序，翻译成机器可执行的机器语言程序。支撑软件有接口软件、工具软件和环境数据库等，它

能支持用机的环境，提供软件研制工具。支撑软件也可认为是系统软件的一部分。应用软件是用户按其需要自行编写的专用程序，它借助系统软件和支援软件来运行，是软件系统的最外层。

自 1946 年第一台电子计算机问世以来，计算机技术在元件器件、硬件系统结构、软件系统、应用等方面均有惊人进步，现代计算机系统小到微型计算机和个人计算机，大到巨型计算机及其网络，形态、特性多种多样，已广泛用于科学计算、事务处理和过程控制，日益深入社会各个领域，对社会的进步产生深刻影响。

2. 计算机系统的特点

计算机系统的特点是能进行精确、快速的计算和判断，而且通用性好，容易使用，还能联成网络。

1）计算

一切复杂的计算，几乎都可用计算机通过算术运算和逻辑运算来实现。

2）判断

计算机有判别不同情况、选择做不同处

理的能力，故可用于管理、控制、对抗、决策和推理等领域。

3）存储

计算机能存储巨量信息。

4）精确

只要字长足够，计算精度理论上不受限制。

5）快速

计算机一次操作所需时间已小到以纳秒计。

6）通用

计算机是可编程的，不同程序可实现不同的应用。

7）易用

丰富的高性能软件及智能化的人机接口，大大方便了使用。

8）联网

多个计算机系统能超越地理界限，借助通信网络，共享远程信息与软件资源。

1.1.3 计算机组成原理

我们将图 1-1 中的各个部分抽象合并为如图 1-2 所示的计算机组成原理示意图。

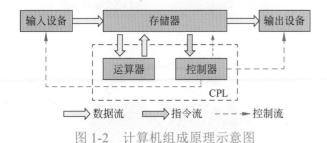

图 1-2　计算机组成原理示意图

1.计算机的工作过程

计算机的基本原理是存储程序和程序控制。预先要把指挥计算机如何进行操作的指令序列（称为程序）和原始数据通过输入设备输送到计算机内的存储器中。每一条指令中明确规定了计算机从哪个地址取数，进行什么操作，然后送到什么地址去等步骤。

计算机在运行时，先从内存中取出第一条指令，通过控制器的译码，按指令的要求从存储器中取出数据进行指定的运算和逻辑操作等，然后再按地址把结果送到内存中去。接下来，再取出第二条指令，在控制器的指挥下完成规定操作。依此进行下去。直至遇到停止指令。

2.计算机的实物

我们一般使用的计算机可以分为台式计算机和笔记本式计算机。事实上，我们使用的很多智能电子产品本质上都是计算机，只不过其功能有所差异，而外形更是形形色色。

笔记本式计算机实物和台式计算机实物分别如图 1-3 和图 1-4 所示。

图 1-3　笔记本式计算机实物

图 1-4　台式计算机实物

1）输入设备

目前，常用的输入设备有键盘、话筒、摄像头和手写板等。话筒的实物如图1-5所示。

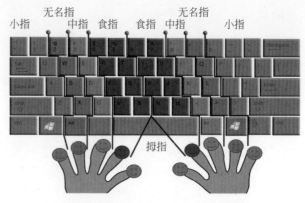

图1-7　手指与键的对应关系

图1-5　输入设备话筒实物

键盘的实物如图1-6所示。

图1-6　输入设备键盘实物

需要注意的是，在第一次使用键盘时，就应该养成"盲打"，即不看键盘输入的习惯，这样才能一边看文稿一边输入，以提高输入速度。反之，如果一开始就养成看键盘的习惯，打字速度会受到很大影响。键盘上各个键的排列是经过科学研究和试验的，可以看出，最常用的键安排在手指最容易触摸的地方。图1-7是在敲击键盘时，手指控制键盘上各个键的对应关系。

2）输出设备

常用的输出设备有音箱、耳机和打印机等，还有输入输出设备兼有的耳麦，耳麦是耳机和话筒（麦克风）的简称，分别如图1-8～图1-12所示。

图1-8　输出设备音箱-1

图1-9　输出设备音箱-2

图1-10　输出设备耳机

图 1-11　输入输出设备耳麦

图 1-13　主存储器

图 1-12　输出设备打印机

3）主存储器

存储器可以分为主存储器和辅助存储器，CPU 和主存储器构成了计算机的核心，辅助存储器又叫外存储器，如硬盘、光盘和 U 盘等。主存储器实物如图 1-13 所示。

4）运算器和控制器（CPU）

（1）CPU 简介。

CPU 的英文全称是 Central Processing Unit，即中央处理器，它由运算器和控制器组成。我们经常所说的"芯片"，狭义上指 CPU，广义上指各种集成电路。抽象计算机的主要器件，可以认为计算机主要由 CPU 和存储器组成（CPU 中还包含很少的存储单元）。需要计算机处理的任何信息，都需要先存储到存储器中，然后由 CPU 从存储器中取指令来完成，这就是冯·诺依曼体系，即存储程序与控制程序。图 1-14 是早期 Intel 8086CPU 内部示意图。

◇结构特征：通知寄存器结构，由EU及BIU组成；
16位机器字长、20位地址、实地址存储管理

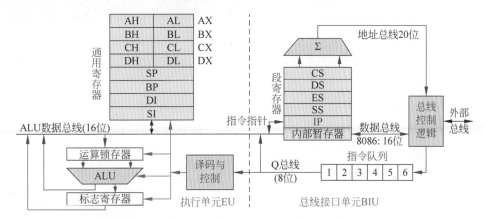

◇指令执行过程：由串行的IF、ID、OF、EX、WB阶段组成

图 1-14　Intel 8086CPU 内部示意图

由于制造技术越来越先进，其集成度越来越高，内部的晶体管数达到几百万个或几千万个。虽然从最初的 CPU 发展到现在其晶体管数量增加了几十倍，但是 CPU 的内部结构仍然可分为控制单元、逻辑单元和存储单元三大部分。CPU 的性能大致上反映出了它所配置的微机的性能，因此 CPU 的性能指标十分重要。

（2）CPU 主要性能指标。

第一，主频。这是 CPU 的时钟频率，简单地说是 CPU 的工作频率。一般说来，一个时钟周期完成的指令数是固定的，所以主频越高，CPU 的速度也就越快。

第二，内存总线速度或者叫系统总线速度，一般等同于 CPU 的外频。内存总线的速度对整个系统性能来说很重要，由于内存速度的发展滞后于 CPU 的发展速度，为了缓解内存带来的瓶颈，所以出现了二级缓存，来协调两者之间的差异。

第三，工作电压。工作电压指的是 CPU 正常工作所需的电压。

第四，协处理器或者叫数学协处理器，协处理器主要的功能就是负责浮点运算。目前，协处理器的功能不再局限于增强浮点运算，例如出现了音像、图形和通信应用方面的协处理器。

第五，流水线技术和超标量。流水线的工作方式就像工业生产上的装配流水线，可以提高 CPU 的运算速度。

第六，乱序执行和分枝预测，乱序执行是指 CPU 采用了允许将多条指令不按程序规定的顺序，分开发送给各相应电路单元处理的技术。分枝是指程序运行时需要改变的节点。分枝有无条件分枝和有条件分枝，其中无条件分枝只需要 CPU 按指令顺序执行，而有条件分枝则必须根据处理结果再决定程序运行方向是否改变，因此需要"分枝预测"技术处理的是条件分枝。

第七，L1 高速缓存，即经常说的一级高速缓存，在 CPU 里面内置了高速缓存，可以提高 CPU 的运行效率。

第八，L2 高速缓存，指 CPU 外部的高速缓存。

图 1-15 是中国华为海思麒麟 970 CPU 实物。

图 1-15　中国华为海思麒麟 970 CPU

（3）集成电路。

集成电路对一般人来说也许会有陌生感，但其实我们和它打交道的机会很多。计算机、电视机、手机、网站和取款机等，数不胜数。除此之外，在航空航天、星际飞行、医疗卫生、交通运输和武器装备等许多领域，几乎都离不开集成电路的应用。当今世界，说它无孔不入并不过分。在信息化的社会中，集成电路已成为各行各业实现信息化和智能化的基础。无论是在军事还是民用领域，它都起着不可替代的作用。所谓集成电路（IC），就是在一块极小的硅单晶片上，利用半导体工艺制作许多晶体二极管、三极管及电阻、电容等元件，并连接和完成特定电子技术功能的电子电路。从外观上看，它已成为一个不可分割的完整器件，集成电路在体积、重量、耗电、寿命、可靠性及电路性能方面远远优于晶体管分立元件组成的电路，现在已广泛应用于仪器仪表及电视机、录像机等电子设备中。

从1906年世界上第一个电子管诞生，到1946年成功研发半导体晶体管；从1960年世界上第一块硅集成电路制造成功，到1966年第一块大规模集成电路诞生；从1988年

超大规模集成电路的研制成功，到当前更大规模的集成电路的生产，其发展经历了一个漫长的过程。由此集成电路从产生到成熟大致经历了电子管、晶体管、中小规模集成电路、大规模和超大规模集成电路的漫长过程。图1-16是集成电路发展经历的过程。

图1-16 集成电路发展经历的过程

图1-17是某计算机的主板，可以看出，主板上有若干集成电路，其外形各异，功能各不相同。

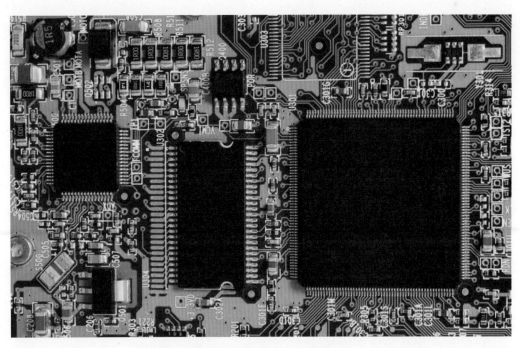

图1-17 计算机主板实物

1.2 计算机语言及程序

打个比方，计算机硬件相当于人的躯体，计算机程序就是人的大脑，缺一不可。计算机硬件相对固定变化较少，而计算机程序则千变万化。智能化的产品都离不开程序，程序让产品具有"智慧"。编写程序离不开计算机语言，计算机语言是我们与计算机交互的桥梁。

1.2.1 计算机语言分类

1）机器语言

计算机唯一可直接执行的语言。其他的各类语言，均需要相对应的"翻译"，将其翻译成机器代码。

2）汇编语言

又叫"助记符"，一般用英文缩写来代替机器指令，如加法用 ADD 表示，方便记忆和检查错误，编程效率有所提高。

3）高级语言

高级语言分为面向过程语言和面向对象语言两种。C 语言是此类语言的代表，高级语言接近人类思维和习惯，如条件判断语句：if…else…（如果……反之……）。C++、Java、Python 是面向对象语言的代表。20世纪 80 年代，由于需要开发的软件越来越大（代码数量），对质量要求也越来越高，出现了面向对象的语言。其目的是快速开发软件并保证其质量。因此，此类语言具有：代码继承、代码重用和各种类型库等。

1.2.2 计算机语言排名

计算机语言排名如表 1 所列。

表 1　计算机语言排名

序号	语言	占比
1	Java	20.025%
2	C	15.967%
3	C++	11.118%
4	(Visual) Basic	9.332%
5	PHP	8.871%
6	Perl	6.177%
7	C#	3.483%
8	Python	3.161%
9	JavaScript	2.616%
10	Ruby	2.132%

说明：①排名每月都在变化中。②Java 和 C 长期占据第 1 和第 2。③在大数据背景下，Python 语言 2017 年排名大幅上升，跃居第 3。

1.2.3 C语言

（1）C 语言是面向对象语言的基础。你也可以直接学习面向对象语言，如：Python、Java，但它们的前面实际上都是在学 C 语言，只是语句的表示略有不同。特别重要的是算法不是计算方法的简称，其定义是为解决一个特定的问题所采取的特定、有限的步骤。小学生、初中生学编程，重在"计算思维""算法"等。

（2）C 语言是理工科大学生的工具。理工科大学生基本都要学 C 语言。第一，它是其他计算机语言的基础；第二，大学各专业的后续课程要用到。例如，软件工程专业要学习《数据结构》这门课，数据结构用C语言描述。又例如，物联网专业，要用C语言（包括更底层的汇编语言）对实物进行控制（如让窗帘移动，让玩具轨道车跑，远程对家用电器控制，远程对智能大鹏控制等）；第三，大学里很多实验和课程设计等一般都用C语言，很多专业都要用到。也就是说，C语言是理工科大学生的工具。

（3）C语言可以开发操作系统。如Windows系统，还有两个重要的操作系统是UNIX和Linux（中国自己的操作系统可能会在此基础上开发）。

（4）C语言用于底层（接近硬件）软件开发。由于条件的限制，我们会对软件翻译后的代码量有严格要求（如物联网、工业控制和单片机等），有时还需要汇编语言（代码量更小），而C语言与汇编语言接轨。

C语言的特点：简洁紧凑、灵活方便；运算符丰富；数据类型丰富；表达方式灵活实用；允许直接访问物理地址，对硬件进行操作；生成目标代码质量高，程序执行效率高；可移植性好；表达力强。

1.2.4　VC++、C++和C语言

VC++是平台（编程的集成环境，该环境使你可以在界面友好的环境下学习），里面镶嵌了C++语言，并兼容C语言，因此，准确地说，C++不是完全的面向对象语言。你学习C语言，就在VC++中学习。国家二级C等级考试，就是在VC++平台上进行的。

1.2.5　Java语言

1）Java特点

Java特点如下：

① 简单；

② 面向对象；

③ 分布性；

④ 可移植性；

⑤ 解释型；

⑥ 安全性；

⑦ 健壮性；

⑧ 多线程；

⑨ 高性能；

⑩ 动态。

2）应用领域

应用领域特点如下：

① 桌面应用系统开发；

② 嵌入式系统开发（如手机）；

③ 电子商务应用（如淘宝）；

④ 企业级应用开发；

⑤ 交互式系统开发；

⑥ 多媒体系统开发；

⑦ 分布式系统开发；

⑧ Web应用开发（如网站）。

1.2.6　Python语言

Python作为当下人工智能、数据分析等领域的核心语言，以其简洁、新手友好的特点受广大的程序员青睐。

1. Python 的特点

（1）Python 使用C语言开发，但是Python不再有C语言中的指针等复杂的数

据类型。

（2）Python 具有很强的面向对象特性，而且简化了面向对象的实现。它消除了保护类型、抽象类、接口等面向对象的元素。

（3）Python 代码块使用空格或制表符缩进的方式分隔代码。

（4）Python 仅有 31 个保留字，而且没有分号、begin、end 等标记。

（5）Python 是强类型语言，变量创建后会对应一种数据类型，出现在统一表达式中的不同类型的变量需要做类型转换。

2. Python 的应用方向

1）常规软件开发

Python 支持函数式编程和 OOP 面向对象编程，能够承担任何种类软件的开发工作，因此常规的软件开发、脚本编写、网络编程等都属于标配能力。

2）科学计算

随着 NumPy、SciPy、Matplotlib、Enthoughtlibrarys 等众多程序库的开发，Python 越来越适合于做科学计算、绘制高质量的 2D 和 3D 图像。与科学计算领域最流行的商业软件 Matlab 相比，Python 是一门通用的程序设计语言，比 Matlab 所采用的脚本语言的应用范围更广泛，有更多的程序库的支持。虽然 Matlab 中的许多高级功能和 toolbox 目前还是无法替代的，不过在日常的科研开发之中仍然有很多的工作是可以用 Python 代劳的。

3）自动化运维

这几乎是 Python 应用的自留地，作为运维工程师首选的编程语言，Python 在自动化运维方面已经深入人心，例如 Saltstack 和 Ansible 都是著名的自动化平台。

4）云计算

开源云计算解决方案 OpenStack 就是基于 Python 开发的，是云计算的重要工具。

5）Web 开发

基于 Python 的 Web 开发框架很多，例如耳熟能详的 Django，还有 Tornado 和 Flask。其中的 Python+Django 架构，应用范围非常广，开发速度非常快，学习门槛也很低，能够帮助你快速地搭建起可用的 Web 服务。

6）网络爬虫

网络爬虫也称网络蜘蛛，是大数据行业获取数据的核心工具。没有网络爬虫自动地、不分昼夜地、高智能地在互联网上爬取免费的数据，那些做大数据相关业务的公司业绩恐怕要少 3/4。能够编写网络爬虫的编程语言有不少，Python 是其中的主流之一，其 Scripy 爬虫框架应用非常广泛。

7）数据分析

在大量数据的基础上，结合科学计算、机器学习等技术，对数据进行清洗、去重、规格化和针对性的分析是大数据行业的基石。Python 是数据分析的主流语言之一。

8）人工智能

Python 在人工智能大范畴领域内的机器学习、神经网络、深度学习等方面都是主流的编程语言，得到广泛的支持和应用。

1.2.7 作者建议

不能简单认为哪个语言好或不好，应

该根据所要解决的实际问题来选择计算机语言。小学生应该以学习图形化编程为主，初中生以学习 C 语言为主，高中生以学习 C 语言或 Python 为主。不建议小学低年级学生学习 Python 语言，即便是学，也是学习 C 语言的基本内容，而不是 Python 的面向对象语言类型。当然，个别有天赋和特别喜欢编程的学生例外。

1.3 程序的三种基本结构

1.3.1 算法的定义

在学习编程时，我们经常听到算法这个词。什么是算法？其定义是：算法是为解决一个特定的问题而采取的特定有限的步骤。首先，面对的问题必须是特定的，不能是模糊的；第二，步骤是特定的，没有二义性；第三，步骤是有限的，程序不能无限执行，即这是一组严谨地定义运算顺序的规则，并且每一个规则都是有效的，且是明确的，没有二义性，同时该规则将在有限次运算后终止。

1.3.2 算法的基本特征

1. 可行性

算法的设计是为了在某一个特定的计算工具上解决某一个实际的问题而设计的。

2. 确定性

算法的设计必须是每一个步骤都有明确的定义，不允许有模糊的解释，也不能有多义性。

3. 有穷性

算法的有穷性，即在一定的时间是能够完成的，即算法应该在计算有限个步骤后能够正常结束。

4. 拥有足够的信息

算法的执行与输入的数据和提供的初始条件相关，不同的输入或初始条件会有不同的输出结果，提供准确的初始条件和数据，才能使算法正确执行。

1.3.3 算法的基本要素

一是数据对象的运算和操作，二是算法的控制结构。

1. 算法中对数据的运算和操作

算法实际上是按照解决问题的要求，从所有可能的操作中选择合适的操作所组成的一组指令序列，即算法是计算机能够处理的操作所组成的指令序列。

2. 算法的控制结构

在算法中，操作的执行顺序又称算法的控制结构，一般的算法控制结构有三种：顺序结构、选择结构和循环结构。

3. 算法设计的基本方法

1) 列举法

基本思想是，根据提出的问题，列举出所有可能的情况，并用问题中给定的条件检验哪些是满足条件的,哪些是不满足条件的。

2) 归纳法

基本思想是，通过列举少量的特殊情况，经过分析，最后找出一般的关系。

3）递推

是从已知的初始条件出发，逐次推出所要求的各个中间环节和最后结果。本质也是一种归纳，递推关系式通常是归纳的结果。

4）递归

在解决一些复杂问题时，为了降低问题的复杂程序，通常是将问题逐层分解，最后归结为一些最简单的问题。分为直接递归和间接递归两种方法。

5）减半递推技术

减半递推即将问题的规模减半，然后，重复相同的递推操作。

6）回溯法

有些实际的问题很难归纳出一组简单的递推公式或直观的求解步骤，也不能使用无限的列举。

1.3.4 程序的三种基本结构

已经证明：任何复杂的算法，都可以由顺序结构、选择（分支）结构和循环结构这三种基本结构组成，如图1-18所示。因此，构造一个算法的时候，也仅以这三种基本结构作为基本单元，遵守这三种基本结构的规范。基本结构之间可以并列、可以相互包含，但不允许交叉，不允许从一个结构直接转到另一个结构的内部去。

正因为整个算法都是由三种基本结构组成的，所以程序结构清晰，易于测试和纠错，这种方法就是结构化程序设计方法。

图形化的 Scratch 程序设计也有这三种基本结构。

1. 顺序结构

顺序结构的程序设计是最简单的，只要按照解决问题的顺序写出相应的语句就行，它的执行顺序是自上而下，依次执行。

以下程序是小球在舞台上移动了一个边长为100的正方形轨迹，如图1-19和图1-20所示。

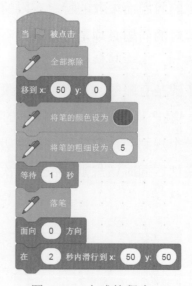

图 1-19　小球的程序 -1

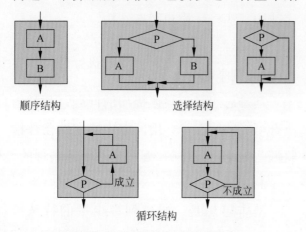

图 1-18　程序的三种基本结构

可以看出，上面的程序是顺序结构，从单击"小绿旗"开始，程序自上而下，依次执行。也就是说，程序在执行中，没有发生"拐弯"（分支）。

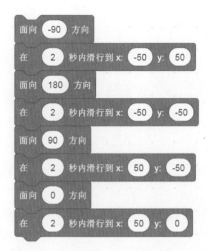

图 1-20　小球的程序 -2（此图接图 1-19）

2. 选择结构

选择结构（分支结构）是程序给出一定的条件，根据条件判断的结果来控制程序的流程。程序处理需要根据某个特定条件选择其中一个分支执行。选择结构有双分支和多分支，其流程如图 1-21 所示。图 1-21 是 C 语言等高级语言的流程图，在 Scratch3.0 中，多分支是用双分支的嵌套来实现的（参见本丛书第 2 册、第 3 册和第 4 册的案例程序）。

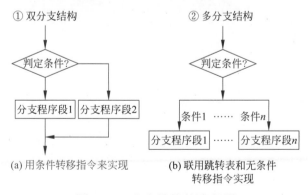

图 1-21　分支结构的流程图

以下程序是小猫在舞台上左右走动的代码，如图 1-22 所示。可以看出，按照猫咪

是否碰到舞台边缘为判断条件，程序执行的路径发生了变化，即分支执行不同的语句体（若干指令的集合）。

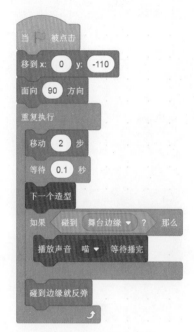

图 1-22　小猫的代码

3. 循环结构

循环结构是在程序中需要反复执行若干指令的一种程序结构。它根据循环体中的条件，判断是否继续执行循环体中的若干指令。循环结构有直到型循环和当型循环两种基本形式。

1）直到型循环

直到型循环是从入口处先执行循环体中的指令，在循环结束时判断条件，如果条件成立，则返回入口处继续执行循环体，否则退出循环体到达流程出口处，如图 1-23 所示。这里的逻辑与 Scratch3.0 的控制指令"重复执行直到……"中的逻辑有所不同，参见图 1-24 所示。

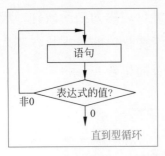

图 1-23 直到型循环流程图

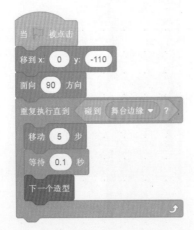

图 1-24 猫咪的代码

如图 1-24 所示的代码是猫咪从舞台中央朝着右侧走动，直到碰到舞台边缘就停止。需要注意的是，这与 Scratch3.0 的控制指令"重复执行直到……"中的逻辑是相反的，即"碰到舞台"条件成立停止程序的执行。

2）当型循环

当型循环是先判断条件，根据判断结果来决定是否执行循环体中的指令，其流程图见图 1-25 所示。

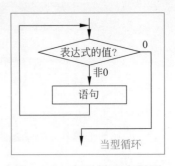

图 1-25 当型循环流程图

如图 1-26 所示的代码是大黄猫在舞台上左右走动，如果碰到舞台边缘就叫一声。指令"如果……那么……"就是当型循环。

图 1-26 大黄猫的代码

第 2 章　Scratch3.0 系统概述

2.1　关于 Scratch 图形化编程

2.1.1　Scratch发展历史

各个领域重要的历史事件、惊世的发明、科学的进展与突破，往往彼此关联、相互影响。一连串偶然事物，却孕育出现代某一特定的科技。几乎所有的事物背后，都有着一段漫长而有趣的历史，举世瞩目的少儿编程 Scratch 也不例外。

Scratch 的诞生，经历了近百年的时间，包含着三代师徒的理念与经验的传承和创新，这三代人都对社会产生了重大而深远的影响，他们分别是：让·皮亚杰、西蒙·派珀特和米切尔·雷斯尼克。三位大师的关系如图 2-1 所示。

1. 皮亚杰与儿童认知阶段

让·皮亚杰是近代最有名的儿童心理学家，他将儿童对世界的认知分成了不同的阶段，这个理论也成为了指导千千万万个教育者前进的思想。皮亚杰理论指出：在 7 ～ 11 岁时，孩子可以掌握基本逻辑，但是需要借助实物，物体越形象，孩子也就越容易掌握。在 11 岁之后，孩子才有能力脱离形象物体，单纯学习逻辑。让·皮亚杰如图 2-2 所示。

让·皮亚杰
儿童教育领域的大师
哲学家、儿童心理学家

师徒
　　　1958—1963　　
日内瓦大学

西蒙·派珀特
教育信息化奠基人、心理学家、教育家
计算机科学家、人工智能领域先驱
LOGO语言发明人

师徒
　　　1982—2007　　
麻省理工

米切尔·雷斯尼克
MIT(麻省理工学院教授)
少儿编程之父
Scratch发明人

图 2-1　三位大师的关系

图 2-2　让·皮亚杰

皮亚杰理论的心理学教育学理论认为 Scratch 这种图形化编程是 7 ～ 12 岁年龄段

孩子的主流编程语言。由于 7 岁之前处于前运算阶段，孩子并不具备基本的抽象能力。所以，图形化编程的最佳学习时间是在 7 岁之后。乐高的 EV3 等机器人编程教具着重的是动手能力，而不是逻辑思维培养，看上去相似的东西其实并非完全相同。

皮亚杰的经典理论如图 2-3 所示。

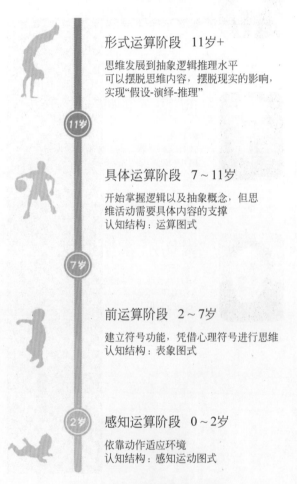

形式运算阶段　11岁+
思维发展到抽象逻辑推理水平
可以摆脱思维内容，摆脱现实的影响，
实现"假设-演绎-推理"

具体运算阶段　7～11岁
开始掌握逻辑以及抽象概念，但思维活动需要具体内容的支撑
认知结构：运算图式

前运算阶段　2～7岁
建立符号功能，凭借心理符号进行思维
认知结构：表象图式

感知运算阶段　0～2岁
依靠动作适应环境
认知结构：感知运动图式

图 2-3　皮亚杰的经典理论

2. 派珀特与 LOGO 语言

1）LOGO 语言

西蒙·派珀特一生最大的贡献是创建教育构建主义和发明 LOGO 编程语言。西蒙·派珀特如图 2-4 所示。

图 2-4　西蒙·派珀特

他在麻省理工学院建筑机械组中创建了认识论和学习研究小组，这就是今天麻省理工学院媒体实验室的前身。在让·皮亚杰建构主义学习理论的工作基础上，他成为这个小组的构建主义者，他曾于 1958 年—1963 年在日内瓦大学与皮亚杰合作。正是根据让·皮亚杰的儿童教育心理理论，西蒙·派珀特逐渐形成了他后来的构建主义学习理论。作为 MIT AI 实验室联合负责人和著名的理论教育家，他发明的这种"构建主义"教育理论与"教学主义"相比较，可以让学生通过具体的材料而不是抽象的命题来建立知识。

西蒙·派珀特在 MIT 利用皮亚杰成果开发了 LOGO 编程语言。他把 LOGO 作为工具，以改善儿童思考和解决问题的方式。他开发了一个名为"LOGO 乌龟"的小型移动机器人，并展示了儿童如何使用它来解决玩耍环境中的简单问题。20 世纪 60 年代末，派珀特创造了编程语言 LOGO，为的是教孩子如何使用计算机。

LOGO 语言创始于 1968 年，是美国国家科学基金会所资助的一项专案研究，在麻省理工学院（MIT）的人工智能研究室完成。

绘图是 LOGO 语言中最主要的功能，派珀特就是希望能通过绘图的方式来培养学生学习计算机的兴趣并拥有正确的学习观念。在以前的 LOGO 语言中有一个海龟，它有位置与指向两个重要参数，海龟按程序中的 LOGO 指令或用户的操作命令在屏幕上执行一定的动作。现在，图中的海龟由小三角形所替代。

进入 LOGO 界面，光标被一只闪烁的小海龟取代。输入"向前 25""向左 11"这样易于儿童理解的语言和指令后，小海龟将在画面上走动，画出特定的几何图形，如图 2-5 所示。

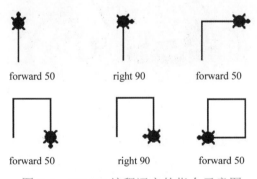

forward 50   right 90   forward 50

forward 50   right 90   forward 50

图 2-5　LOGO 编程语言的指令示意图

在 LOGO 编程语言的世界中，孩子可以在键盘上写下指令，让小海龟在画面上走动，无论是上下左右，还是按照一定的角度、速度或重复动作等操作。这虽然看起来简单，但其背后的学科知识是人工智能、数学逻辑

以及发展心理学的结合。简单的指令组合之后可以创造出更多的东西。

不过，在 LOGO 语言发明的年代，计算机的价位在几千美元一台，对普通人来说根本用不起。于是派珀特就发明了实体版"小海龟画图"。孩子使用简易的键盘控制器，操纵"小海龟"画出图形。让儿童有机会利用科技去构建知识、解决问题、创造性地表达自己是派珀特推出 LOGO 语言的本意，LOGO 语言可以说是 Scratch 的前身。

2）乐高机器人（Lego Mindstorm）

1984 年，时任乐高公司 CEO 的克伊尔德·克里斯丁森在电视中看到了一次派珀特的采访节目。当时派珀特正在电视中演示实体 LOGO 海龟。克里斯丁森认为，实体化的海龟跟乐高的产品哲学有相通之处，二者如果能够结合起来，一定是个不错的新产品。

在与乐高接洽后，派珀特提出了一个不同以往的想法。LOGO 编程语言和"小海龟"以及 MIT 媒体实验室的其他研究都需要将实物机器人与计算机连接。派珀特的新设想是，能否创造一个能替代计算机的乐高零部件，其具有计算的功能，又能跟乐高一样小巧，又足够便宜。在当时，这是一个巨大的挑战，然而这也将会是一个巨大的革命式的创新。

但这个设想直到 1998 年才得以实现。那年，乐高发布了全新的可编程机器人产品 Mindstorms 系列。为向派珀特致敬，乐高用他 1980 年出版的书名作了注册商标。从此，乐高掀起了一场全球的机器人风暴。

3. 雷斯尼克与 Scratch

一次偶然的机会，一名青年记者听了派珀特的演讲，受到派珀特的启发，由此改变了他对计算机的认知。第二年，这个年轻记者拿着 MIT 的奖学金，参加了派珀特的研讨班。这个青年记者就是后来的 Scratch 之父：米切尔·雷斯尼克（Mitchel Resnick）。米切尔·雷斯尼克如图 2-6 所示。

图 2-7　Scratch3.0 程序

图 2-6　米切尔·雷斯尼克

作为派珀特理念的继承者，雷斯尼克在 LOGO 编程语言的影响下，推出了更先进的面向儿童的编程语言 Scratch。Scratch 的首个版本于 2007 年发布，建立在 LOGO 的理念与乐高机器人编程工具基础之上。

仔细观察 Scratch 这种编程语言，当你用鼠标拖动指令时，它很像是在拼接积木。谈到积木，你一定会想到乐高积木。Scratch3.0 程序如图 2-7 所示，乐高积木如图 2-8 所示。

图 2-8　乐高积木

从 1985 年起，派珀特实验室就与乐高集团长期合作，研发乐高机器人等明星产品。雷斯尼克恰恰是受到 LOGO 编程语言以及乐高积木的双重启发，才带领团队开发出了新的图形化编程工具 Scratch。

好的教育不是如何让老师教得更好，而是如何提供充分的空间和机会，让学习者去构建自己的知识体系。每个孩子是课堂和学习的主人，他们不是被动接受教育，不是被填鸭式喂养，不是被指挥做什么事情，而是主动去获取知识，成为经验主义者。

对于 Scratch 等编程语言来说，建构主义的"落地"，可以简单地理解为：学生在使用程序编写故事、编写游戏或是创作作品时，就处于学习知识的最佳状态，老师利用合理的方法进行引导，将课堂以及学习交给学生，学生会被自己的兴趣与热情所驱动，主动地去获取知识，这与传统的填鸭式教育是截然不同的。

经历了三代大师，Scratch 才得以诞生，在这门语言当中，我们可以看到三代大师思想的影子，这些影子也是 Scratch 的教育理论基础和指导原则，它们包含了皮亚杰的"儿童成长理论""建构主义学习观"（隶属于教育技术学、教育学，属于教学模式层面的理论）"LOGO 编程语言以及乐高积木的基本特点"以及"教育中对活动和交互要足够重视，让孩子能够在玩耍中创建和调整心智模式"。

4. Scratch 的特点和优势

（1）易学：编程界面足够友好，孩子们看到这个软件的时候就能够被吸引，不需要花费太多心思琢磨，就能够轻松玩转 Scratch。

（2）低门槛：可以非常方便地使用它创建自己的"个性化作品"，即便是没有系统的学习，哪怕是胡乱拼接，也能够实现一些功能。

（3）应用场景广泛：能够实现不同的功能，可以是绘本故事、动画或游戏，还可以是工具以及具有教育意义的产品。

（4）渐进性的学习工具：没有必要一次性学完，可以分阶段逐步学习，学习到不同阶段，就能够做不同的事情，实现不同的功能，制作不同的作品。

（5）高天花板：虽然 Scratch 门槛低，但是这门语言当中的内容还是不少，知识难度也会逐步呈阶梯式上升，能够实现的功能也会越来越复杂。

（6）创造力的摇篮：自由度极高的积木组合，精美的画面，可以自由创作个性化的作品（如产品、工具和游戏等）。

（7）跨越国籍跨越文化：能够吸引全世界的孩子，无论是什么背景，什么文化，哪个国家，都可以使用它。

很多刚刚接触 Scratch 的人，都会被 Scratch 漂亮的外表所迷惑，不由得认为，Scratch 编程很简单，会觉得这是小孩子玩的东西。其实，Scratch 的功能之强大，远远超出了大部分人的认知。

5. Scratch 版本的变化

2007 年 5 月，Scratch1.4 版本问世，由 Squeak 语言编写，随着时代的发展，Scratch 也在不断的升级。2013 年，Scratch2.0 诞生，开发语言调整为了 ActionScript（AS）代码，AS 是 Flash 的脚本语言。这个阶段的 Scratch2.0 可以看作是一个成型的完整的 Flash，也是在 2013 年，Scratch 这门语言逐渐走入国门。技术行业的向前发展，也催促着 Scratch 的进一步升级，随着 Flash 在浏览器当中地位的下降，HTML5技术的兴起，Scratch需要兼容所有的电脑PC和移动等各类终端，在2019年1月3日，基于HTML5技术开发的Scratch3.0正式发布。

2.1.2 图形化编程的意义和作用

1. 时代的呼唤

当前，由于互联网和人工智能等新兴技术的快速发展，导致智力被非人类全面超越，教育的核心需求从知识传授转为创新能力培养，其必要性和紧迫性日益加剧。我们的教育理念需要与时俱进，我们的教学方法需要快速改变。图形化Scratch能够很好地将编程与其他学科结合起来，它不仅是编程语言，还是创作工具和表达工具。它能帮助学生进行有效的信息化表达和数字化创作，让学生的语言和思维能力、从个人解决问题到团队合作的能力得到提升。Scratch编程教育已远远超过编程本身，它很好地解决了小学生学习程序设计的种种问题，更重要的是能够培养学生思考能力、逻辑表达能力、创新设计能力和协作沟通能力等。

Scratch作品或是一个故事、一个动画、一个游戏，将编程教育与科学、技术、艺术等知识相结合，实现了跨学科、探究式和趣味性教学。在作品的创作中，体现了STEAM教育的特征，即跨学科、趣味性、体验性、情景性、协作性、设计性、艺术性和实证性等，着重培养学生的创新能力，到达了寓教于乐的目的。

由美国麻省理工学院为所有对计算机充满好奇的孩子开发的一种软件创作工具，Scratch是一种可视化、积木式的创作工具，学生只需拖曳图形化的指令码，即可创作属于自己的故事、动画、游戏和音乐等数字化作品。它的出现很好地解决了小学生学习程序设计的种种问题，更重要的是，能够培养学生有序思考、逻辑表达和创新设计的能力。

Scratch之父："使用Scratch，你可以编写属于你的互动媒体，像是故事、游戏和动画，然后你可以将你的创意分享给全世界。Scratch帮助年轻人更具创造力、逻辑力和协作力。这些都是生活在21世纪不可或缺的基本能力。"

2. Scratch编程促进学生语言表达能力的提高

学生在用Scratch进行创作的时候，当老师抛出一个主题后，学生首先要针对这个主题有一个好的创意，就像导演需要一个好剧本一样。在Scratch教学中，教师也可以有意识地引导学生用自然语言来描述他们的创意、想法和故事等，将孩子们生活中的童话故事、美术、音乐和舞蹈等与Scratch的教学结合在一起。随着教学的深入，学生将不断用语言描述着他们的设想与故事。潜移默化中，孩子们的词汇量、语言的表达能力在逐步增强。Scratch中一些指令的运用，更是有效增强语言叙述的逻辑性。让学生用Scratch进行信息化表达前，先用自然语言来表达，当学生完成从编剧到导演的转变时，我们可以看到，学生对故事的叙述脱口而出，而创作作品和代码设计则是水到渠成。

3. 让学生成为小先生

让学生成为小先生，促进学生学习主动性和兴趣的提升。例如，在讲授《快乐的反弹球》一课中，我们鼓励学生大胆实践，对这个简单的游戏进行改进和探索，可以给游戏编配合适的音乐，也可以改变游戏的难度，还可以给游戏设计更加好玩，具有比赛意义的"计分"功能。经过了大胆想象、探索和实践操作，学生就有了一些探索收获，这时将有创意的学生作品，给大家演示操作，讲解自己的经验成果，同时给台下的学生答疑，如有疑难之处教师再适当给予点拨和讲解。

4. Scratch 让孩子们的思维和解决问题能力得到锻炼

在学生用 Scratch 创作的时候，他需要有创意、有想法，进而进行设计，然后测试，看其是否可行，发现错误并及时修正，听取别人的评价和意见后，修改设计使其更完美。在整个设计中又可能产生新的想法，总之这是一个不断上升的过程，在这个不断上升的过程中，很多问题会自然生成，促使学生不断地去解决问题，学生们在这个过程中获得成就感。Scratch 作为一种程序设计语言，对于学生逻辑思维的训练是十分有益的，无论是前期设计时的语言描述，中期制作时舞台的设计、角色的移动、各种指令的运用、音乐的编配等，还是后期的反复修改与测试，都有助于锻炼他们完整而有创意地表达自己的想法，帮助他们成为一个逻辑清晰、思维有条理的人。

5. Scratch 能有效提高学生团队合作能力

在学完一节课后，我们可以引导学生改进和完善本课，借鉴已经学过的课程来举一反三，创作出更多更好的作品。这样，每个小组内的学生就在一起研究设计他们的作品，在创作过程中学生们都积极主动地参与到作品的设计中，各抒己见，独立思考，互相帮助。当他们完成自己的作品后，将作品分享给其他同学，相互交流，取长补短。正因为有了团队的学习，才使孩子们有了互相学习，互相评价，互相修改完善的学习过程，从而提高了孩子们团队合作的意识。Scratch 教学不仅教会学生熟悉一条条指令，还拓展了学生创新的思维模式，使学生的综合应用能力得到提高。

现代社会已进入信息时代、网络时代，技术与软件日新月异，当城市中幼儿已经学会上网，当青少年开始追逐苹果三件套的时候，我们的课堂仍使用 Office 和网络相关培训为主的内容，在实际教学中已远不能满足学生的需求，更是无法激发起他们高昂的学习兴趣。

于是信息技术教师们失望地看到计算机走下了神坛，信息技术课走向衰落。回顾信息技术课程，总目标是提高学生的信息素养，新课程要求培养学生的创新能力，可难道我们就只能在画图和小报制作中来期待学生提升素养并有所创新吗？Scratch 的横空出世将会改变这一切，这是由美国麻省理工学院"终生幼儿园研究组"为所有对计算机充满好奇心的孩子开发的一种软件创作工具。

6. 唤醒自己

乔布斯说：学法律不一定要成为律师，学编程也一样，因为编程可以教会我们另外一种思考方式。我们要学的就是这种分析和处理问题的方法。

目前很多关于 Scratch 的研究都指向它能够让学生快乐地玩编程，将它定位于儿童编程入门语言。Scratch 项目负责人凯伦·布雷迪博士曾说："我们的目的不是要创建计算机程序编写大军，而是帮助计算机使用者表达自己。"

7. 孩子们是编剧和导演

Scratch 的主旨是"想法、程序、分享"，学生在用它进行创作的时候，首先要有一个"好创意"，就像导演需要一个"好剧本"一样。信息技术老师都知道，描述一个程序是可以用自然语言的，在 Scratch 教学中教师也可以有意识地引导学生用自然语言来描述他们的创意和想法。

Scratch 的可视化设计与积木式程序设计方式，使得学生能从算法与语法中摆脱出来，使得他们能专注于想象与设计并轻松将其实现。这种变化将突破技术的篱笆，能在很大程度上平衡信息技术课堂上发生的学生操作层面的差异。而我们在 Scratch 教学中，可以将平时的"做中学"进一步发展成为"边设计边学习"，让学生在设计、发明和创造中学习。从课堂实践中可以看到，当学生自主设计并创作数字化作品时，会因为想法与现实间的冲突而需要不断修正原始设计，会因为他人的意见而不断产生新的问题和修改意见，因此整个制作过程中，他们将会创造性地解决不断产生的问题。我们也会惊喜地发现学生的创造力得到了充分的展现，他们的灵感也不断的闪现。在设计中学习，是绝佳的学习方式。

Scratch 的目的并不是让孩子玩得开心！孩子在学习的过程中，能发挥想象，培养孩子的创新意识和创新能力，领悟计算机编程核心的算法能力，锻炼孩子的沟通合作能力。这对孩子以后的编程学习有着很大的帮助。当然，并不是每个小朋友都适合学习 Scratch 编程，这需要通过逻辑测试来决定。

8. 世界领袖和科技大佬的号召

世界领袖和科技大师也发出号召，让我们来重温一下他们的真知灼见。

1）美国前总统奥巴马：别光玩手机了，来编程吧。

2）苹果公司联合创办人乔布斯：我认为这个国家的每个人都应该学习编程，因为它可以教会你如何思考。

3）微软创始人比尔盖茨：学习编程可以开拓你的思维，帮助你更好地思考，创建一个在所有领域都有益的思考方法。

4）脸书创始人扎克伯格：在十五年的时间中，我们将会像阅读和写作一样地教编程……我想为什么不能把这件事做得再快一点呢？

5）马拉拉·尤沙夫赛（诺贝尔和平奖获得者）：每个女孩都应参与技术的创造中，改变我们的世界，以及改变谁来主宰这个世界。

6）脸书 CEO 谢丽尔·桑德伯格：女孩和男孩都需要有机会学习计算机科学，可以让我们的世界变得更小，而让我们的前途变得更加光明。

总之，在创作作品和编写代码过程中，孩子是编剧和导演。编程可以培养孩子重要的能力：逻辑推理和抽象思维能力；数学计算和数据化思考能力；解决问题和跨界思考能力；创新思维和系统思维能力；联想判断和分析归纳能力；耐心缜密和合作自信能力；科学验证和动手能力；美术与音乐能力。

2.1.3 机器人编程、Scratch少儿编程、人工智能编程三者之间的区别和关系

机器人编程、Scratch 少儿编程、人工智能编程三者不同。相对来说，机器人编程与 Scratch 少儿编程相近一点。

1. 机器人编程

机器人编程是通过积木的组装、搭建后，再给机器人输入若干条指令，指令指挥机器人做若干动作，机器人编程是激发孩子学习兴趣，培养学生综合能力的一种教育方式。

一般而言，机器人编程针对 3～6 岁低龄段的孩子，早期就是简单积木的搭建，熟练后可以搭建复杂的类似机器人的积木，即可通过编程来指挥积木运动。很显然，机器人教育课程的内容由硬件知识和编程知识两部分组成，但硬件知识的比重往往会多于编程。硬件知识，主要是由物理学当中的简单机械原理、电子电路和电机方面的知识，其编程知识的学习范围也受限于选择的机器人，因为学习编程在机器人编程课中只是为了让机器人运作起来。

高级的机器人要求非常扎实的编程基础，例如 C 语言和 C++ 等，但大多数培训机构只停留在初级教育，并不教授这些高级的编程语言，这也是为什么 3 岁儿童就可以学习机器人，但是到 8 岁之后就没有东西可学的原因了。而要学习 C 语言和 C++，依然需要学习 Scratch 来过渡。同时，机器人技术涉及到大量硬件和电路方面的知识和经验，并且在调试中会遇到很多问题，很多错误不是由于程序本身的逻辑错误产生的，而是由于计算机的硬件配置出现问题，或者是电路等其他的异常情况导致的。在没有专业人士及时的帮助和指导下，很有可能会扼杀孩子的兴趣。

简单来说，机器人编程更偏向硬件，培养的是孩子的动手能力和对电机电路等的理解。而 Scratch 编程注重的是培养孩子的逻辑思维、独立思考和分析问题的能力，孩子打好编程基础可以学好机器人编程，但反过来没有扎实的编程基础是很难学好机器人的。

2. Scratch 编程

Scratch 也并非很多人认为的"比较简单"，虽然进入门槛低，不需要敲代码，但是能实现的功能却不少，所有我们现在玩的热门游戏基本上都可以通过 Scratch 来实现。很多数理逻辑推理也可以通过 Scratch 来证

明，奥数与 Scratch 结合更是可以探索无穷尽的内容，高阶的 Scratch 连大学生都玩得不亦乐乎。少儿编程学习是探究编程语言的本质，是一层一层把模块打开，学习模块内部核心的逻辑、算法、语法和结构等，是无上限的。

而少儿编程的目标是系统化地教授孩子编程知识，注重的是孩子的逻辑思维能力和独立思考能力的培养，例如算法和循环等，它的底层逻辑教授的是以最有效的方式去解决某个问题，而且学习的是可以在多个场景中通用的解决方法。学习 Scratch 兴趣培养起来之后，可以继续学习高级编程语言，例如 Python 和 C++ 等，而这些语言的核心算法、语法和结构也都是一脉相承的。

Scratch 编程的优势体现在哪些方面？首先，它更能锻炼孩子的思维逻辑能力，Scratch 虽然也是图形化编程，但它里面包含了算法和分析，所以它要求的思维逻辑性也更加缜密。其次，Scratch 的局限性比较小，例如在动画和游戏领域，它可以完成非常复杂的程序编写，像现在许多火爆的大型游戏都可以编写成功。再次，现在的 Scratch 课程已经到了 3.0 的版本，这个版本的 Scratch 可以进行外接，也可以实现机器人的运动，并且在模块的基础上添加了语言，这样小朋友们在未来直接接触语言前就会有一个完美的过渡。最后，Scratch 对小朋友们的创新力和想象力也有一个非常大的提升，每个小朋友在做程序时，都可以加入自己的想象。

3. 机器人编程与 Scratch 少儿编程的比较

1）学习内容不同

机器人编程教育是以调用编程模块指令让机器动起来为目的。通常需要编程的模块是已经写好存储在模块中的，小朋友做的只是将模块以不同的方式拼接起来。少儿编程教育是探究编程语言的本质，一层一层把模块打开，学习模块内部核心的逻辑、算法、语法和结构。这样看来，少儿编程的学习内容虽然比机器人编程复杂一点，但却是能学习到本质，可以让学生更加透彻地了解编程语言。

2）学习工具不同

机器人编程课程一般都会采用自己开发的机器人编程软件，往往学会这个机器人编程软件，换另外一种机器人之后，还需要重新学习，工具的通用性相对会弱一些。少儿编程课程会采用一些通用的编程软件，编程语言也是全球通用的，因此孩子能实现各种奇思妙想，不再被工具所束缚。另一方面，无论参与竞赛还是就业，所使用的工具都是一样的，因此少儿编程所采用的工具是没有局限性的，而且不用花时间重复学习。

3）运用场所有不同

机器人编程教育应用范围仅限于机器人本身，一旦脱离了这个机器人，孩子所学的编程知识可能就无用武之地。简单的机器人编程教育存在学习瓶颈，所学的编程知识是基于机器人硬件设计的课程内容。少儿编程教育学习是基于软件项目开发设计的课程，其中会有一部分涉及到与硬件的交互，这里就和机器人有些类似，但是编程的高度是没有限制的，孩子可以系统掌握各种语言，选择范围更广。相对于机器人编程的单一和枯燥，少儿编程的丰富内容会让同学们更加直观和清晰地了解编程。

4）课程适合年龄段和深度

机器人编程课程一般都以图形化的编程方式为主，低龄的孩子更适合，因为它更像是一种高档玩具，而小学四年级以后如果学习图形化编程就有些浅了，初高中阶段是完全不适用的，因为现实中的机器人设备，均采用代码化编程，而制作搭建其实还需要具备很强的电子学和机械学知识，这些都是目前机器人学习较薄弱的方面。少儿编程课程从低龄阶段的图形化编程开始培养孩子的逻辑和编程思维，到小学高年级阶段代码式语言，到初高中年级数据结构与算法的学习，知识深度都是按照孩子的认知能力设计的，因此适合各个年龄层次，同时也保证了各个年龄层次学习的深度。

5）学习延续性和就业前景不同

如前面所说几点，机器人编程课程还是适合低龄小孩的，而小学高年级阶段课程延续性相对就差一些，因为更复杂的机器人往往需要代码化的编程，因此还需要系统地学习少儿编程。而到初中和高中阶段，目前开设的机器人编程课程深度是不够的，因此这个阶段暂时是缺失的。少儿编程从小学阶段的 Scratch 开始学起，到高年级阶段的 C/C++ 语言学习，到初高中阶段的数据结构与算法学习，等孩子进入大学阶段进行人工智能的学习，再到获得人工智能就业机会，本质上来说是完整而有前景的一条路，并且伴随着大大小小的信息赛（NOIP、NOI、AOIP、IOI、ACM）可以使孩子通过编程，脱颖而出，领先同龄孩子的技能水平。

4. 人工智能

几乎人人都在谈人工智能，实际上，人工智能是一门极富挑战性的学科，从事这项工作的人必须懂得计算机知识、心理学和哲学等。人工智能包含的科学知识十分广泛，它由不同的领域组成，如机器学习、计算机视觉等等。总地说来，人工智能研究的一个主要目标是使机器能够胜任一些通常需要人类智能才能完成的复杂工作。那么人工智能知识体系有哪些内容呢？

真正意义上的人工智能编程是基于计算机、物理学、电子学甚至化学等传统科学发展而来，远不是一个几岁乃至十几岁的少年或儿童能轻易掌握的。而国家及高校所倡导的机器人相关信息技术研究，确实是跟人工智能深度绑定的好"亲家"。只不过，此机器人非彼机器人。高级的机器人编程要求设计者具有非常扎实的编程基础，如 C 语言、C++ 等，但大多数的机器人编程机构仅停留在初级教育，最多涉及到一些图形化编程教育，并不教授这些高级编程语言。因此，目前市场上的机器人编程教育，严格来说，比起作为人工智能的入门学科，不如说是通过有趣的形式在激发并培养孩子对人工智能的兴趣。

而打出"少儿编程"名号的教培机构，会更偏向代码编程教学，入门级别的如麻省理工研发的 Scratch（图形化编程），进阶一点的如 Python 和 C++ 等计算机语言。因

此，相对而言，少儿编程教育离人工智能所需要的基本功更近一步。

我们可以从下面的人工智能体系看到，人工智能的科学体系、技术体系和应用体系等非常复杂，如图 2-9～图 2-16 所示。

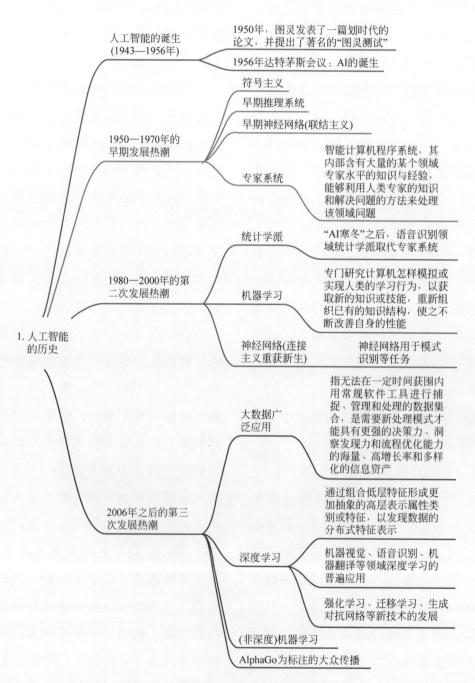

图 2-9　人工智能科学技术及应用体系 -1

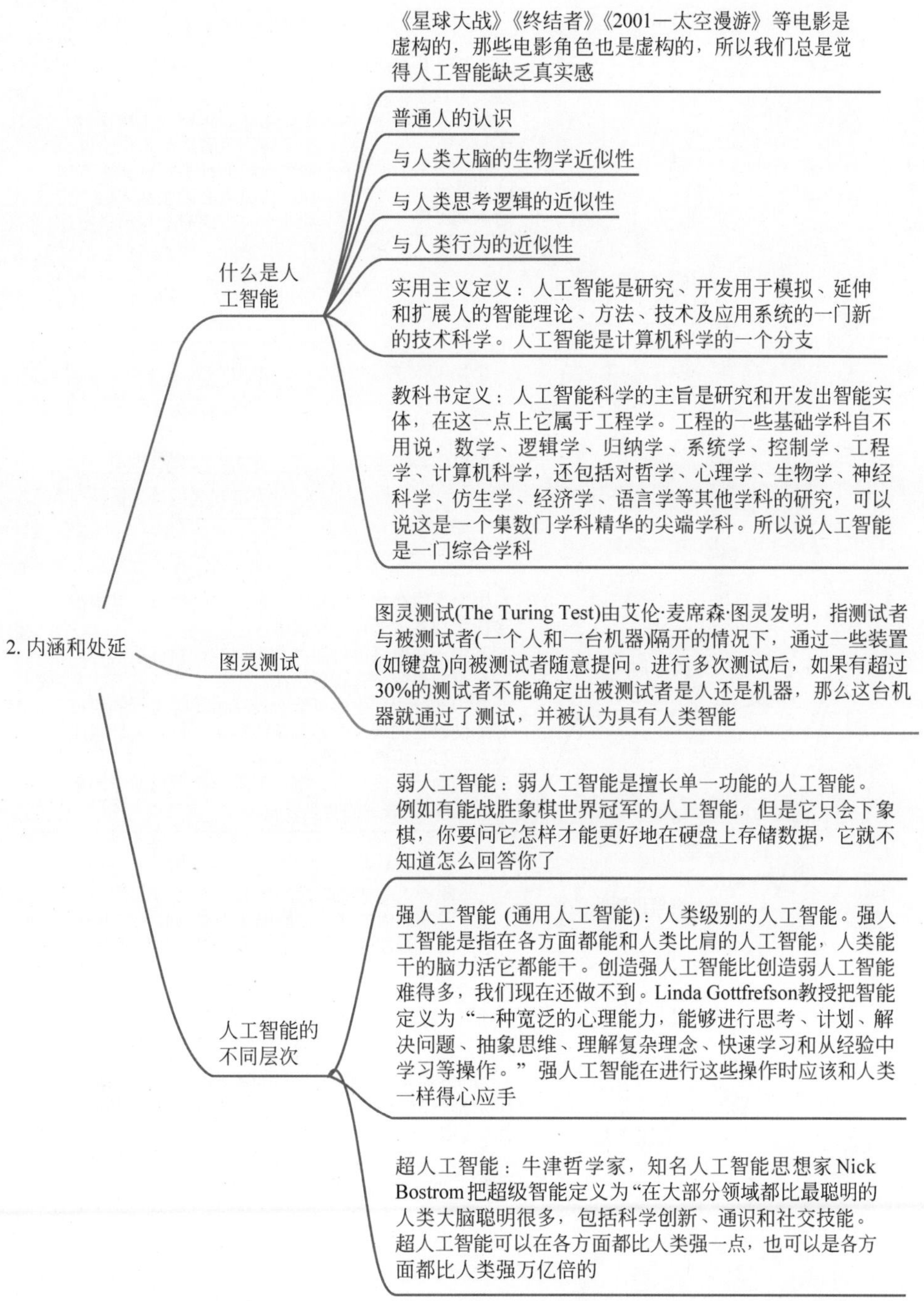

《星球大战》《终结者》《2001—太空漫游》等电影是虚构的，那些电影角色也是虚构的，所以我们总是觉得人工智能缺乏真实感

普通人的认识

与人类大脑的生物学近似性

与人类思考逻辑的近似性

与人类行为的近似性

什么是人工智能

实用主义定义：人工智能是研究、开发用于模拟、延伸和扩展人的智能理论、方法、技术及应用系统的一门新的技术科学。人工智能是计算机科学的一个分支

教科书定义：人工智能科学的主旨是研究和开发出智能实体，在这一点上它属于工程学。工程的一些基础学科自不用说，数学、逻辑学、归纳学、系统学、控制学、工程学、计算机科学，还包括对哲学、心理学、生物学、神经科学、仿生学、经济学、语言学等其他学科的研究，可以说这是一个集数门学科精华的尖端学科。所以说人工智能是一门综合学科

2. 内涵和处延

图灵测试

图灵测试(The Turing Test)由艾伦·麦席森·图灵发明，指测试者与被测试者(一个人和一台机器)隔开的情况下，通过一些装置(如键盘)向被测试者随意提问。进行多次测试后，如果有超过30%的测试者不能确定出被测试者是人还是机器，那么这台机器就通过了测试，并被认为具有人类智能

弱人工智能：弱人工智能是擅长单一功能的人工智能。例如有能战胜象棋世界冠军的人工智能，但是它只会下象棋，你要问它怎样才能更好地在硬盘上存储数据，它就不知道怎么回答你了

强人工智能 (通用人工智能)：人类级别的人工智能。强人工智能是指在各方面都能和人类比肩的人工智能，人类能干的脑力活它都能干。创造强人工智能比创造弱人工智能难得多，我们现在还做不到。Linda Gottfrefson教授把智能定义为"一种宽泛的心理能力，能够进行思考、计划、解决问题、抽象思维、理解复杂理念、快速学习和从经验中学习等操作。"强人工智能在进行这些操作时应该和人类一样得心应手

人工智能的不同层次

超人工智能：牛津哲学家，知名人工智能思想家Nick Bostrom把超级智能定义为"在大部分领域都比最聪明的人类大脑聪明很多，包括科学创新、通识和社交技能。超人工智能可以在各方面都比人类强一点，也可以是各方面都比人类强万亿倍的

图 2-10 人工智能科学技术及应用体系 -2

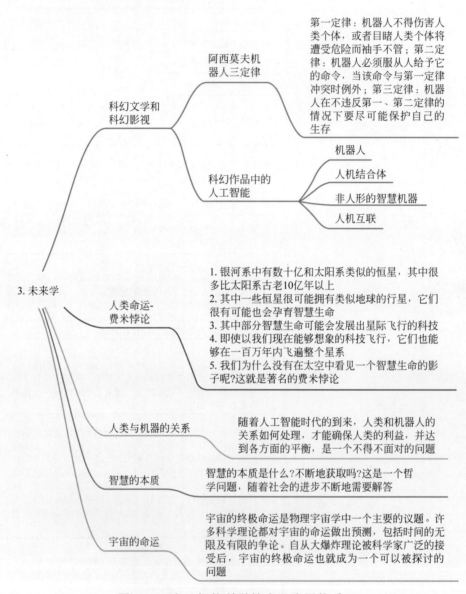

第一定律：机器人不得伤害人类个体，或者目睹人类个体将遭受危险而袖手不管；第二定律：机器人必须服从人给予它的命令，当该命令与第一定律冲突时例外；第三定律：机器人在不违反第一、第二定律的情况下要尽可能保护自己的生存

科幻文学和科幻影视 —— 阿西莫夫机器人三定律

科幻作品中的人工智能
- 机器人
- 人机结合体
- 非人形的智慧机器
- 人机互联

3. 未来学

人类命运-费米悖论
1. 银河系中有数十亿和太阳系类似的恒星，其中很多比太阳系古老10亿年以上
2. 其中一些恒星很可能拥有类似地球的行星，它们很有可能也会孕育智慧生命
3. 其中部分智慧生命可能会发展出星际飞行的科技
4. 即使以我们现在能够想象的科技飞行，它们也能够在一百万年内飞遍整个星系
5. 我们为什么没有在太空中看见一个智慧生命的影子呢?这就是著名的费米悖论

人类与机器的关系
随着人工智能时代的到来，人类和机器人的关系如何处理，才能确保人类的利益，并达到各方面的平衡，是一个不得不面对的问题

智慧的本质
智慧的本质是什么?不断地获取吗?这是一个哲学问题，随着社会的进步不断地需要解答

宇宙的命运
宇宙的终极命运是物理宇宙学中一个主要的议题。许多科学理论都对宇宙的命运做出预测，包括时间的无限及有限的争论。自从大爆炸理论被科学家广泛的接受后，宇宙的终极命运也就成为一个可以被探讨的问题

图 2-11　人工智能科学技术及应用体系 -3

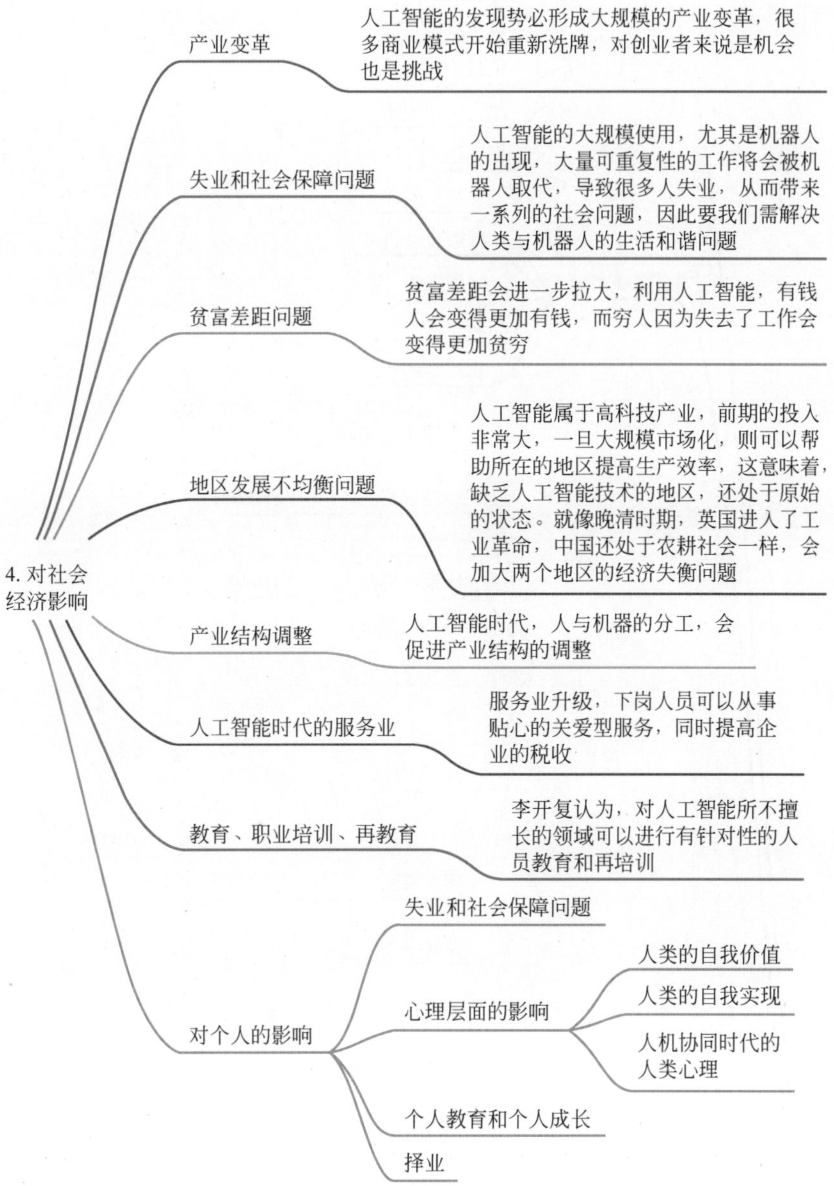

产业变革　　　人工智能的发现势必形成大规模的产业变革，很多商业模式开始重新洗牌，对创业者来说是机会也是挑战

失业和社会保障问题　　　人工智能的大规模使用，尤其是机器人的出现，大量可重复性的工作将会被机器人取代，导致很多人失业，从而带来一系列的社会问题，因此要我们需解决人类与机器人的生活和谐问题

贫富差距问题　　　贫富差距会进一步拉大，利用人工智能，有钱人会变得更加有钱，而穷人因为失去了工作会变得更加贫穷

地区发展不均衡问题　　　人工智能属于高科技产业，前期的投入非常大，一旦大规模市场化，则可以帮助所在的地区提高生产效率，这意味着，缺乏人工智能技术的地区，还处于原始的状态。就像晚清时期，英国进入了工业革命，中国还处于农耕社会一样，会加大两个地区的经济失衡问题

4. 对社会经济影响

产业结构调整　　　人工智能时代，人与机器的分工，会促进产业结构的调整

人工智能时代的服务业　　　服务业升级，下岗人员可以从事贴心的关爱型服务，同时提高企业的税收

教育、职业培训、再教育　　　李开复认为，对人工智能所不擅长的领域可以进行有针对性的人员教育和再培训

对个人的影响
- 失业和社会保障问题
- 心理层面的影响
  - 人类的自我价值
  - 人类的自我实现
  - 人机协同时代的人类心理
- 个人教育和个人成长
- 择业

图 2-12　人工智能科学技术及应用体系 -4

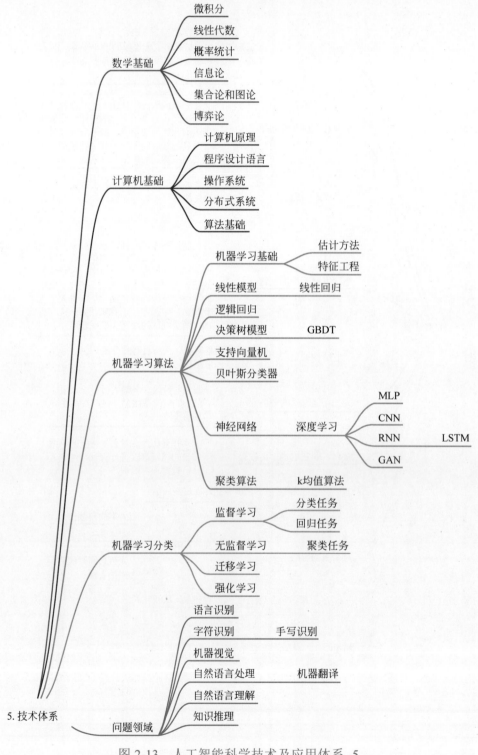

图 2-13　人工智能科学技术及应用体系 -5

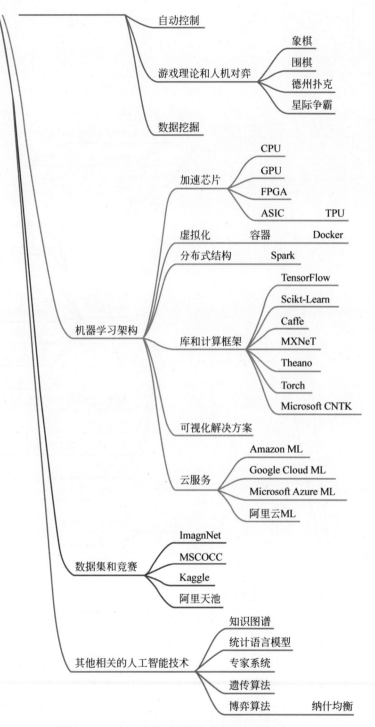

自动控制

游戏理论和人机对弈
　　象棋
　　围棋
　　德州扑克
　　星际争霸

数据挖掘

加速芯片
　　CPU
　　GPU
　　FPGA
　　ASIC　　TPU

虚拟化　　容器　　Docker

分布式结构　　Spark

机器学习架构

库和计算框架
　　TensorFlow
　　Scikt-Learn
　　Caffe
　　MXNeT
　　Theano
　　Torch
　　Microsoft CNTK

可视化解决方案

云服务
　　Amazon ML
　　Google Cloud ML
　　Microsoft Azure ML
　　阿里云ML

数据集和竞赛
　　ImagnNet
　　MSCOCC
　　Kaggle
　　阿里天池

其他相关的人工智能技术
　　知识图谱
　　统计语言模型
　　专家系统
　　遗传算法
　　博弈算法　　纳什均衡

图 2-14　人工智能科学技术及应用体系 -6

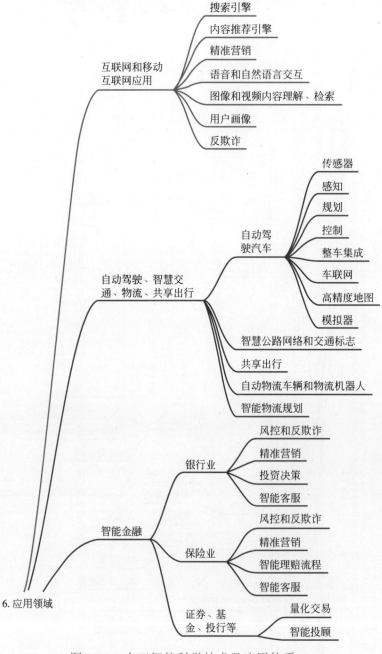

互联网和移动
互联网应用
- 搜索引擎
- 内容推荐引擎
- 精准营销
- 语音和自然语言交互
- 图像和视频内容理解、检索
- 用户画像
- 反欺诈

自动驾驶、智慧交
通、物流、共享出行
- 自动驾
  驶汽车
  - 传感器
  - 感知
  - 规划
  - 控制
  - 整车集成
  - 车联网
  - 高精度地图
  - 模拟器
- 智慧公路网络和交通标志
- 共享出行
- 自动物流车辆和物流机器人
- 智能物流规划

智能金融
- 银行业
  - 风控和反欺诈
  - 精准营销
  - 投资决策
  - 智能客服
- 保险业
  - 风控和反欺诈
  - 精准营销
  - 智能理赔流程
  - 智能客服
- 证券、基
  金、投行等
  - 量化交易
  - 智能投顾

6.应用领域

图 2-15 人工智能科学技术及应用体系 -7

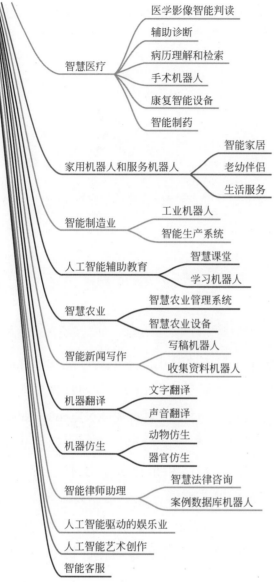

图 2-16 人工智能科学技术及应用体系 -8

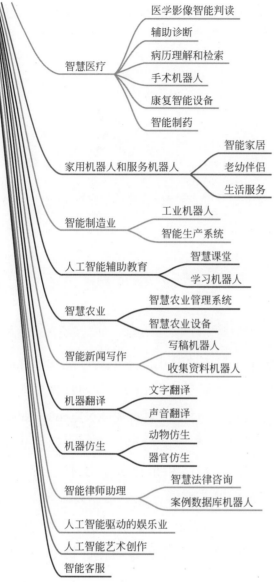

图 2-17　Scratch3.0 系统在电脑中所在的位置

双击文件选项，即可自行安装，大约 40 秒左右安装成功，出现如图 2-18 所示的界面，即 Scratch3.0 系统初始界面。也可以用鼠标指向文件，右击，在弹出的菜单中单击"打开"选项。

可以看出，默认的主界面的代码区是空白的，舞台中央默认的角色是一只小猫，角色名称是"角色 1"，这是 Scratch3.0 系统的标志。默认的背景也是白色的，背景的名称是"背景 1"。图 2-18 即系统的默认界面，我们经常称为"主界面"。

2.2.2　认识编程环境

1. 新建一个项目

（1）如果想自己创作一个作品，请同学们打开 Scratch3.0 系统，出现如图 2-18 所示的系统默认的主界面。在主界面的左上方单击"文件"菜单，在弹出的菜单中单击"新建项目"选项。

（2）此时，再次单击"文件"菜单，在弹出的菜单中单击"保存到电脑"选项，给新建的项目（作品）起一个名字（命名），名字应该与项目的内容相符。命名后，将此项目保存在电脑中的某个位置，请记住文件保存的位置。

2.2　Scratch3.0 编程环境

2.2.1　系统安装

如果你已经有了 Scratch3.0 系统文件，请找到其在电脑的位置，如图 2-17 所示。

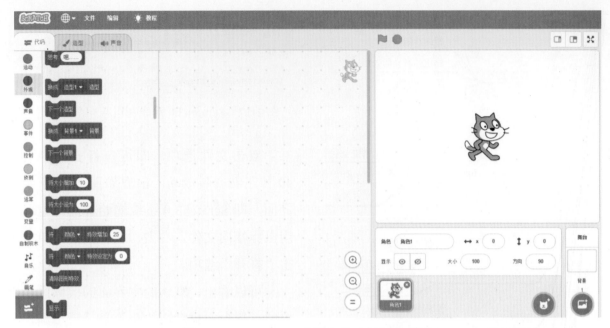

图 2-18　Scratch3.0 系统安装后显示的界面

（3）有时我们也将 Scratch3.0 的代码叫做程序和脚本。脚本（Script）是一种纯文本保存的程序，是批处理文件的延伸，一个脚本通常是解释运行而非编译。为缩短传统的"编写、编译、链接、运行"（edit-compile-link-run）过程而创建的计算机编程语言是脚本语言。脚本语言通常都有简单、易学和易用的特性，目的是让程序员快速完成编写程序。计算机系统的各个层次都有一种脚本语言，包括操作系统层，如计算机游戏和网络应用程序等。在许多方面，高级编程语言和脚本语言之间互相交叉，二者之间没有明确的界限。

2. 打开已有项目（程序）

（1）如果你已经有了 Scratch3.0 程序，请打开（运行）Scratch3.0 系统，此时出现如图 2-18 所示的系统主界面。在主界面的左上方单击"文件"菜单，在显示出来的菜单中单击"从电脑中上传"选项，此时选择你需要打开的 Scratch3.0 项目程序即可，Scratch3.0 的文件名称是 XXX.sb3，即扩展名是".sb3"。此时可以看到，你的文件已经打开，代码和角色等都显示出来了，如图 2-19 所示。

（2）代码区就是你编写的程序（脚本）。

（3）指令库中是具体的指令，编写程序时，从指令库中将所需要的指令拖动到代码区即可。如果要删除代码区中的指令或整个程序段，从指令区将指令拖动到代码区即可。

（4）指令类别是指令库中指令的索引，单击某个类别，可以很快在指令中显示，提高编程效率。

（5）当你使用系统时，可以选择具体国家的语种。单击系统主界面左上方的"小地球"选项，在弹出的菜单中选择即可。选

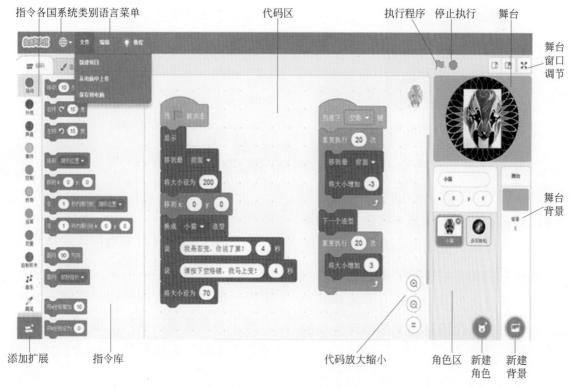

图 2-19　打开已有作品后的界面

择后,主界面和指令等均用所选的语言显示。我们使用"简体中文",它在菜单的最后面。为方便将作品分享给全世界,你也可以选择英文等语种。

（6）系统菜单在主界面的左上方,共有"文件""编辑"和"教程"三个菜单。在"文件"中共有三个选项,如图 2-20 所示。

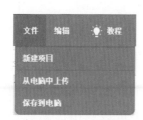

图 2-20　文件菜单

"新建项目"选项是指你创作一个新作品,方法见 2.2.2 节的"新建一个项目"部分。"从电脑中上传"选项是指打开一个已经创作的并保存在电脑中的项目或程序,此时系统会提示你选择所保存作品的路径（位置）。"保存到电脑"选项是指你正在创作或已经创作好的项目或程序。此时系统会提示你选择保存的位置。请注意,如果你正在创作作品,你应该经常保存,特别是对于复杂作品时。这样,以免"突然断电"等意外发生。当你已经完成作品创作时,必须记住保存程序,特别重要的作品还应该备份。

（7）在"编辑"菜单中有"复原删除的角色"和"打开加速模式"两个选项。当误删了角色或角色的某个造型时,都可以单击"复原删除的角色"来恢复,编辑菜单如图 2-21 所示。

035

图 2-21 编辑菜单

这里简单说说动画的原理：我们在电脑显示器、手机和电影院大银幕等看到的活动画像，其实都可以看成是一张张静止的图片按一个比较短的时间间隔切换的效果。人类的眼睛对看到的一切事物的影像会有暂时性的停留。所以我们看到的动画并不是自己在动，而是静的影像连贯起来播放产生动的效果。

通过画出一系列变化细小的正弦曲线，然后让这些曲线快速交替显示，就能实现正弦曲线的移动效果，看起来就像波动了。此时需要"打开加速模式"，在加速模式下画面的切换效果才足够快，否则看起来就不是连贯的动画了。

（8）鼠标指向"新建角色"按钮，在显示出来的菜单中可以看出，新建角色有四种方法，即"选择一个角色"（从系统自带的角色库中选择）、"绘制"、"随机"（系统自带的造型库中随机选择，即系统自动选择）和"上传角色"。我们可以根据实际需要，来选择新建角色的四种方式。

（9）如果我们需要修改角色的名称，在舞台下方的角色区域，将"角色1"名称修改为"小猫"。单击如图 2-22 所示的角色名称"角色1"，删除角色1，重新从键

盘上输入角色名称"小猫"即可。

图 2-22 修改角色名称说明

（10）如果需要为角色添加造型，单击系统主界面上方的"造型"标签，鼠标指向下方"新建造型"的按钮，此时，系统已经有两个小猫造型，这两个造型是在我们新建角色"小猫"后就有的，如图 2-23 所示。

造型库 造型标签 造型名称 造型编辑

新建造型按钮 画图工具 造型图案 造型缩放

图 2-23 新建造型界面

（11）鼠标指向"新建造型"按钮，在弹出的菜单中可以看出，新建造型有四种方法，即"选择一个造型"（从系统自带的造型库中选择）、"绘制"、"随机"（系统自动从自带的造型库中随机选择）和"上传

造型"。根据实际需要，我们选择四种不同的添加造型方式。

（12）根据需要，我们可以修改造型的名称。在图2-23中，单击造型名称中的造型1，将"造型1"删除，此时，可以从键盘上输入你需要的造型名称。

（13）如何编程呢？单击主界面上方的标签"代码"，按照图2-24所示，从主界面左侧的指令库中拖动指令到代码区域（代码区域请参见图2-19所示）。

图 2-24　小猫的代码

（14）单击舞台下方的背景，舞台的默认背景是白色的，如图2-25所示。请注意，此时系统主界面上方的标签的变化。针对角色，标签名称是"代码""造型"和"声音"。针对背景，标签名称是"代码""背景"和"声音"。

（15）单击主界面上方的"背景"标签，紧接着鼠标指向"新建背景"按钮，在显示出来的菜单中可以看出，新建背景有四种方

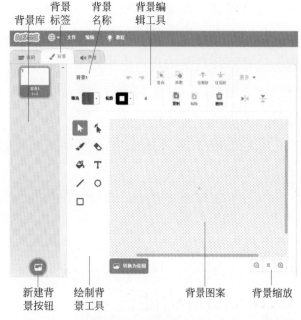

图 2-25　新建背景界面

法，即"选择一个背景"（从系统自带的背景库中选择）、"绘制"、"随机"（系统自动从自带的背景库中随机选择）和"上传背景"。

（16）单击主界面上方的标签"声音"，如图2-26所示。紧接着鼠标指向"新

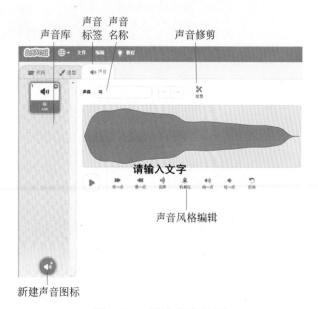

图 2-26　新建声音界面

建声音"按钮，在显示出来的菜单中可以看出，新建声音有四种方法，即"选择一个声音"（从系统自带的声音库中选择）、"录制"、"随机"（系统自带的背景库中随机选择，即系统自动选择）和"上传声音"。

（17）单击主界面上方的菜单"小地球"，可以选择语种。

（18）在指令类别中，有运动、外观、声音、事件、控制、侦测、运算、变量、自制积木和扩展十大类。在扩展中，又有若干类别，常用的有音乐、画笔、翻译和视频侦测等。

（19）单击指令类别，指令库中就会显示该类别的指令，方便快捷。

为使读者有一个全局的概念，作者总结了系统的功能，如图2-27所示。

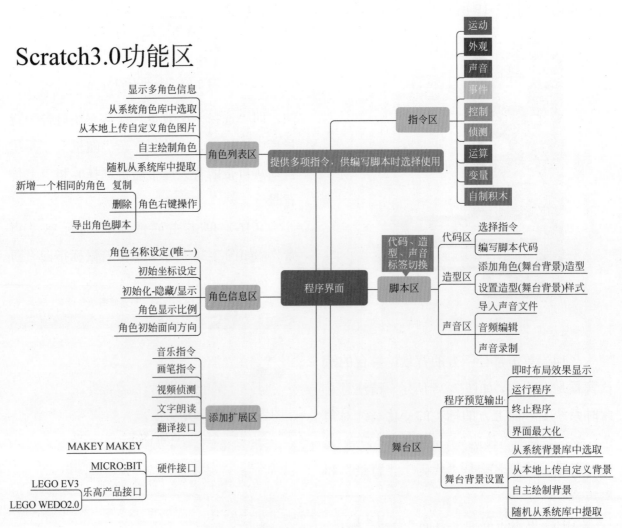

图2-27　Scratch3.0 功能导图

2.3 Scratch3.0 画图功能

2.3.1 图形编辑器功能区域

角色和背景的设计非常重要，没有角色就不存在程序。Scratch3.0 系统中自带了角色库、造型库和背景库，我们可以根据需要来选择，很方便。你也可以从网络上下载，进行加工处理后作为角色和背景。如果你需要设计属于自己的角色或背景，就需要有一个图形编辑器。你可以使用专业的图形编辑器软件来设计角色或背景，然而，Scratch3.0 系统为你准备了一个图形图像编辑器，更加方便。

在主界面右下方的角色区点击角色，紧接着单击主界面上方的"造型"标签；或单击舞台右下方的背景，紧接着单击主界面上方"背景"标签。此时，会出现对现有角色和背景进行编辑的图形编辑器界面，如图 2-28 所示。

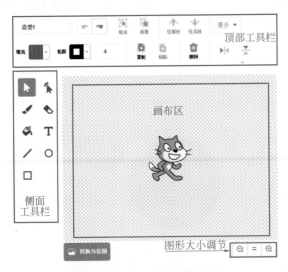

图 2-28　图形编辑器界面

图形编辑器主要有三个部分。第一部分：画布区，用于画图来设计角色和背景；第二部分：顶部工具栏，用于复制、粘贴、移动图形和撤销等操作；第三部分：侧面工具栏，侧面工具栏可以帮助你绘制和编辑角色或背景。

图形大小调节有三个按钮：放大、缩小和恢复原图大小。

2.3.2 位图和矢量图及其转换

在图形编辑器中，有"位图图形"和"矢量图形"两种类型。

1. 位图

位图图形由像素构成，而像素就是计算机屏幕上一个个的小点。你在屏幕上看到的所有内容都是由像素组成的，如图案和文字等。如果你把位图类型的角色放大，就会看到像素。当计算机按照像素保存图片时，它会通过记住构成图片的每一个小点（像素）来创建位图图形。位图的文件扩展名是 BMP，而矢量图形的文件扩展名是 PNP。

2. 矢量图

对于矢量类图形，计算机不会像绘制位图图形角色一样记住每个像素点，而是会记住绘制图形的线条和形状。例如，当你在绘制位图时，计算机会将其记为一条长像素线，而将矢量图线记为一条简单的线。对于更复杂的形状，与位图图形不同的是，矢量图会记住更多连接成曲线的点，这有助于矢量图形在放大时，边缘仍保持平滑。

3. 位图和矢量图的转换

在图 2-23 中的左下方，有一个"转换为位图"或"转换为矢量图"的按钮。

需要注意的是，当你将角色从矢量图切换到位图时，计算机将会忘记最初内容的绘制方式，即便切换回矢量图模式，角色也无法还原为最初的矢量图形角色。

位图图形和矢量图形有很多差异。为了更好地呈现角色，你要确定好角色用哪种类型的图形更加合适。通常来说，因为位图记忆的是像素点，所以角色的颜色更为饱满，阴影效果更佳。但是位图图形的缺点是一旦画好，就很难再调整。如果在绘制角色后还需要进行编辑，最好使用矢量图形来绘制角色。一般情况下，照片或图片都是位图，手绘卡通人物通常是矢量图。

2.3.3 矢量顶部工具栏

顶部工具栏如图 2-29 所示。

图 2-29 编辑器顶部工具栏

1. 给造型命名

单击图 2-29 中的"角色名称"按钮，按下删除键将原来的名称清除，从键盘上给角色重新命名。可以命名随意，但应该遵循"见名知意"的原则。这样，对我们编程有好处，特别是当角色很多时。

2. 撤销与恢复

绘制图形时，如果你不小心弄错了，可以单击"撤销"按钮，这样会恢复到上一步的图形状态。"恢复"按钮可以恢复撤销错了的图形。

3. 组合与拆散

如果你绘制了两个或多个图形，想把它们组合为一个整体，其步骤是：单击编辑器侧面工具栏中的"选择"按钮；单击需要组合在一起的第一个图形；然后，按住键盘上的"shift"键，单击其他需要组合在一起的图形；最后，单击图 2-29 中的"组合"按钮。这样，两个或多个图形就组合在一起了，它们作为一个整体如同一个角色，如图 2-30 所示。此时，你也可以单击图 2-29 中的"拆散"按钮，将组合的两个或多个图形拆散。

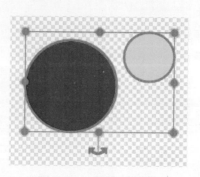

图 2-30 组合与拆散

4. 往前放与往后放

当多个图形重叠在一起时，可以将某个图形放在前面或后面，方法是：单击某个图形，再单击图中 2-29 中的"往前放"和"往后放"按钮。例如，我们想把如图 2-31 所示的蓝色圆放到黄色圆的后面，那么，单击蓝色的圆，再单击图 2-29 中的"往后放"按钮，此时的图形状态如图 2-32 所示。

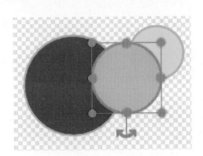

图 2-31　往前放与往后放

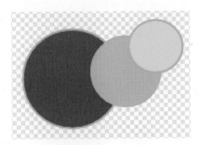

图 2-32　蓝色圆第一次往后放示意图

如果再次单击"往后放"按钮，就会出现如图 2-33 所示的图形状态。

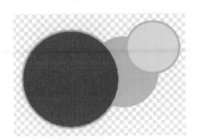

图 2-33　蓝色圆第二次往后放示意图

如果你想直接将某个图形放到最前面或最后面，就单击图 2-29 中的"更多"右侧的下拉菜单，此时会出现"放最前面"和"放最后面"两个选项，单击需要的选项，即可一次性将需要的图形放到其他图形的最前面或最后面，而不需要多次重复操作。

5. 填充和轮廓

在图 2-29 中，单击"填充"右侧的下拉菜单，选择需要的颜色。单击"轮廓"，选择轮廓的颜色。填充是指轮廓中的颜色，例如，绘制一个黑色边框里面是红色的圆。此时，填充颜色应该是红色，而轮廓颜色应该是黑色。在图 2-29 中，轮廓尺寸是 4，此值可以用鼠标选择。

如图 2-34 所示，左侧图形的轮廓颜色是红色，填充颜色是蓝色，轮廓尺寸是 8。右侧图形的轮廓颜色是红色，填充颜色是蓝色，轮廓尺寸是 35。

图 2-34　填充和轮廓

2.3.4　侧面工具栏

侧面工具栏具有移动、着色、绘图和更改图形等九种功能。当鼠标指向九个功能按钮时，会显示功能字样，我们用红色的字体标注出来，如图 2-35 所示。

图 2-35　编辑器侧面工具栏

1.选择

我们从系统自带的角色库中选择角色 arrow1，如图 2-36 所示。

图 2-36　角色 arrow1

单击"选择"按钮，再单击角色 arrow1，出现如图 2-37 所示的图形状态。

图 2-37　选中角色 arrow1

此时，你可以任意移动其位置、旋转其方向和它的大小。例如，鼠标指针指向图 2-37 中的"圆弧"位置，长按鼠标，此时你可以旋转鼠标并改变图形的方向，如图 2-38 所示。

图 2-38　角色 arrow1 旋转后的图形

当你单击"选择"按钮时，你会注意到顶部工具栏的第二行上显示"复制""粘贴"和"删除"按钮，其操作与计算机日常操作类似，即将选中的图形进行"复制""粘贴"和"删除"操作。

2.变形

"变形"按钮允许你更改图形中任何线条的曲线，或者移动某个点来更改图形的形状。当单击"选择"按钮后，再单击"变形"按钮，角色 arrow1 的形状如图 2-39 所示。

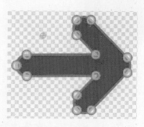

图 2-39　使用变形按钮后角色 arrow1 的状态

此时，你可以移动图中任何一处的蓝色点来更改图形的形状，如图 2-40 所示。当添加或选择一个点时，会显示一条短线。你可以通过拖动两端的方式，让它以一种非常酷的方式来改变线条。你也可以将它旋转并向任何方向拉伸。

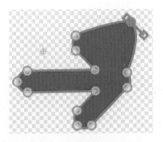

图 2-40　使用变形来改变角色的形状

你可以不需要通过线上的一个蓝色点就可以使角色变形。因为当你单击两点之间的任意位置时，它会自动创建一个新点，以便随时更改图形形状。

当你使用"变形"按钮时，在顶部工具栏的第二行会出现"曲线"和"折线"。如图 2-41 所示。选择"曲线"时对角色所做的任何更改看起来很弯曲，而选择"折线"时，所做的更改看起来很尖。

图 2-41　顶部工具栏显示的曲线和折线

3. 画笔

使用画笔可以在画布上绘制任何想要的内容。这些内容不仅由直线、圆和矩形才可以组成图案，而且用一堆点也可以构成一幅图画。完成绘制后，你可以使用上述的方法来改变图形，以达到自己想要的最佳效果。此时，顶部工具栏第二行会出现如图 2-42 所示的图标，其表示画笔及画笔线条的粗细，线条粗细可以从 1 ～ 400 选择。

图 2-42　画笔及其粗细选择

4. 橡皮擦

当你使用橡皮擦时，可以擦除角色图案中一些不需要的部分。此时，顶部工具栏第二行会出现如图 2-43 所示的图标，其表示橡皮擦及橡皮擦的大小，大小可以从 1 ～ 400 选择。

图 2-43　橡皮擦及其大小选择

5. 填充

如果想改变某个图案的颜色，可以单击"填充"按钮并选择填充的颜色，单击图案，原来的图案颜色就改变了。如图 2-44 所示，绿色圆变成了红色圆。如果角色是由多个图案组合的，单击各个部位来改变颜色，如图 2-45 所示。

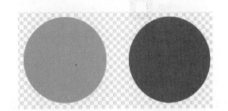

图 2-44　使用填充按钮改变角色的颜色

图 2-45　改变角色的部分颜色

6. 文本

"文本"按钮可以让我们在画布的任何位置输入任何想要的内容。此时，顶部工具栏第二行会出现文本颜色（填充）和文本字体（包括中文、日文或韩文字体）按钮，单击画布区域的某个位置，就可以输入了。

注意：以上这些是编辑矢量图时所有的工具。如果切换到位图，大多数工具与矢量图类似，但其中也有一小部分不太相同。

7. 线段

使用"线段"按钮，我们可以画一条直线。此时，在顶部工具栏的第二行出现如图 2-46 所示的按钮。线段的颜色和粗细可以选择，此时线段的颜色是黑色，粗细是 4。

图 2-46　选择线条的颜色和粗细

8. 圆

使用"圆"按钮，我们可以拖动鼠标画一个圆或椭圆。圆的颜色由"填充"按钮选择，轮廓的颜色由"轮廓"按钮选择，轮廓的粗细由轮廓右侧的"上下选择键"选择（注意：截图时无法显示）。圆的颜色及其轮廓的颜色和粗细如图 2-47 所示，此时圆的颜色是红色，轮廓的颜色是黑色，轮廓的粗细是 4。

图 2-47　圆的颜色及其轮廓的颜色和粗细

注意：如果轮廓的粗细为 0，表示圆没有轮廓。

9. 矩形

同上面的"圆"，不再赘述。

2.3.5　位图边栏工具

注意：以上这些是编辑矢量图时所有的工具。如果切换到位图，大多数工具与矢量图类似，但其中也有一小部分不太相同。当在位图模式下，其工具栏如图 2-48 所示。当鼠标指针指向工具栏中的按钮，会在按钮下面显示文字，我们将文字用红色字体标注出来。

图 2-48　位图边栏工具

可以看出，位图模式下共有八个按钮，其中前面七个与矢量模式下的使用大致相同，但最后一个"选择"按钮不同。位图模式下允许你选择部分或全部图形，当选择部分图形时，可以对选择的部分图形单独处理，如图 2-49 所示，我们选择猫咪右侧的一部分，并将其放大。

在位图模式下，在顶部工具栏的第二行会出现"复制""粘贴"和"删除"按钮，利用它们，可以对图形的一部分进行加工处理。

图 2-49　位图模式下选择图形的一部分改变大小

图 2-50 是角度库中的角色 ladybug（七星瓢虫），此时，你可以使用橡皮擦来擦除某一部分，也可以单击"选择"按钮来选择图中的某一部分，进行"复制""粘贴"和

图 2-50　角色 ladybug

"擦除"。利用这个功能，如果我们自己画一幅类似于图 2-50 的图形，由于七星瓢虫的八只腿是对称的，我们可以画好四只腿，其余的进行复制、粘贴、旋转和填充等操作即可，这样可以提高画图效率。

2.3.6　编辑器的方格背景

我们的画布带有方格的背景，这个背景上什么都没有。是白色的吗？它不是白色的，是"透明的"，即什么都没有，因为白色也是一种颜色。如果背景是白色的，就有可能遮住角色。由于画布是二维的，所以，重叠的角色会相互遮挡，如图 2-51 所示。

图 2-51　二维的角色相互遮挡

第3章　Scratch3.0程序设计及其调试

3.1 Scratch3.0 程序设计实例

本节先给出 6 个 Scratch3.0 程序实例，以便本章其他各节参考，也方便叙述。

3.1.1 川剧变脸

1. 创意来源

人的脸是经常变化的，喜怒哀乐均表现在脸上。动物的脸也经常改变，有时候非常可爱，让人捧腹大笑。川剧变脸你知道吗？能不能用编程实现川剧变脸呢？

2. 编剧本并导演

事实上，编剧和导演的很多内容是在后续的"程序调试及优化作品"中逐步完善的。即遵循"自顶向下、逐步求精"的原则，为节省篇幅，在这里一并叙述。

（1）什么是川剧变脸？川剧变脸是川剧表演的特技之一，用于揭示剧中人物的内心及思想感情的变化，即把不可见、不可感的抽象情绪和心理状态变成可见、可感的具体形象——脸谱。川剧变脸是运用在川剧艺术中塑造人物的一种特技，是揭示剧中人物内心思想感情的一种浪漫主义手法。

设计方案。基本功能描述：设计一个角色猫咪，再为猫咪设计若干脸谱的造型，是否变脸，由我们自己控制。每当按下键盘上的空格键时，猫咪变脸一次。

（2）优化方案一：当按下空格键时，舞台上的猫咪造型逐步由大变小，最终退出舞台，而猫咪的下一个造型（脸谱）逐步由小变大最终显示在舞台上，以此类推。

（3）优化方案二：给舞台设计一个背景，如纯颜色的淡蓝色背景。

（4）优化方案三：设计一个漂亮的圆形图片角色，如多彩转轮。程序执行时，让多彩转轮旋转，这样可以增强作品的趣味性和可看性。

（5）优化方案四：给作品配上音乐，音乐的内容、节奏和风格等应该与本作品相呼应。

3. 准备素材

1）猫咪

从系统自带的角色库中选择 cat，将角色名称修改为"猫咪"。

2）脸谱

可以设计多幅脸谱造型，这样作品内容更加丰富。这里，给出两个样式，如图 3-1 和图 3-2 所示，其余的脸谱读者自己设计。

3）多彩转轮

多彩转轮如图 3-3 所示。

4）背景

背景如图 3-4 所示，也可以配合变脸设计多幅背景。

图 3-1 脸谱 -1

图 3-2 脸谱 -2

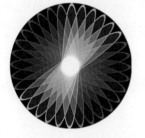

图 3-3 多彩转轮

图 3-4 背景

5）音乐

从网络上下载儿童歌曲《大猫小猫》和《机器猫》。

4. 编程

根据剧本，设计程序如下。

1）猫咪的代码

猫咪的代码如图 3-5 和图 3-6 所示。

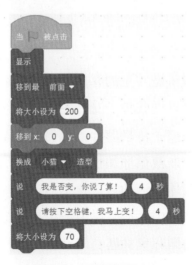

图 3-5 猫咪的代码 -1

图 3-6 猫咪的代码 -2

2）多彩转轮的代码

多彩转轮的代码如图 3-7 所示。

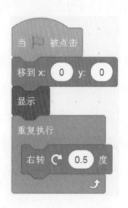

图 3-7 多彩转轮的代码

3）背景的代码

背景的代码如图 3-8 和图 3-9 所示。

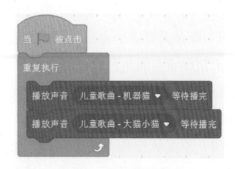

图 3-8 背景的代码 -1

图 3-9　背景的代码 -2

5. 程序调试及优化作品

1）程序调试

程序设计好后，可以运行程序，看看有什么问题。这些问题包括：程序逻辑是否有误。例如本作品中，当按下空格键时，猫咪没有变脸，程序执行后多彩转轮没有旋转等；可以观察脸谱的尺寸是否合适等。

2）优化作品

在剧本的初稿中，有很多没有想到的地方。运行程序，可以检查程序的错误，还可以完善和优化作品。如同晚会的彩排，导演可能会有更好的创意，在实践中发现问题和不足，在实践中完善和优化作品。

6. 作者注释

（1）编写任何程序，都要为程序"赋初值"，包括角色的位置、大小、方向、造型和是否显示等。

（2）角色为什么要移到"最前面"？这是因为舞台上有多个角色，他们会互相遮挡，为了使你希望的角色放在舞台的最前面，需要用到指令"移到最（前面或后面）"选项，最前面和最后面是可选的。

（3）重复执行指令是语句体，语句体里面包含了若干条指令，一直执行语句体中的指令，反复执行直到程序停止。

（4）当"小绿旗"被单击时，是程序开始执行的指令。不论程序简单或复杂，这条指令都是整个程序执行的起点。

（5）当按下"空格键"（可选）指令，是条件判断指令的一种，也就是说，当按下空格键时，执行此条指令下面的指令。

（6）在这里，你就是导演。作品的创意和实现方案是最重要的，根据创意和方案来设计程序代码。程序设计好后，通过程序的试运行，检验程序的正确性，特别是要验证程序是否实现了创意，即是否达到了目的。

（7）在程序代码基本正确的情况下，要反复调整程序代码中的参数，以达到最佳效果，如旋转的速度、角度和循环的次数等。

（8）为达到一个创意目的或实现一个效果，程序代码的设计可以有多种方案和方法。好的程序应该是：程序正确、代码简洁及容易理解。

3.1.2　小猪佩奇跳蹦床

1. 创意来源

跳蹦床是常见的喜闻乐见的运动项目，跳蹦床可以增强孩子身体各器官系统的协调功能，使孩子体格健壮，能促进儿童的心肺功能，使血液循环加快，新陈代谢加强。每当参加完体育活动后，孩子们学习时的注意力会更加集中，而且学习成绩也会提高。跳蹦床还是国际奥林匹克运动会的竞技项目。如何通过编程实现跳蹦床呢？

2. 编剧本并导演

大家都看过动画片《小猪佩奇》，小猪佩奇很聪明也很有趣，它对什么都好奇。对了，让小猪佩奇来表演跳蹦床吧！

注意： 事实上，编剧和导演的很多内容是在后续的"程序调试及优化作品"中逐步完善的。即遵循"自顶向下、逐步求精"的原则，为节省篇幅，在这里一并叙述。

（1）设计方案。使用运动指令"在……秒内滑行到 x……y……"，来实现小猪佩奇的上下移动（蹦上蹦下）；使用外观指令"将鱼眼特效设定为……"，来实现蹦床的变形。

（2）优化方案一：给舞台配上一幅"众人观察跳蹦床"的图片，强化小猪佩奇跳蹦床的实际效果。

（3）优化方案二：使用事件指令"当按下……键"，来实现小猪佩奇跳蹦床的特技。使用"当按下上移键"和"当按下下移键"来实现小猪佩奇跳蹦床时的"左右扭动"；使用"当按下左移键"和"当按下右移键"来实现小猪佩奇跳蹦床时的左右翻转。

（4）优化方案三：给作品配上音乐，音乐的内容、节奏和风格等应该与本作品相呼应。

3. 准备素材

1）小猪佩奇

设计一个可爱的卡通小猪佩奇的角色，如图 3-10 所示。

2）蹦床

设计一个蹦床造型的角色，如图 3-11 所示。

图 3-10　小猪佩奇

图 3-11　蹦床

3）背景

给舞台设计一个背景，从网络上找到了如图 3-12 所示的图片，该背景是一幅众人观看表演的图片。图中虽然有一个卡通娃娃与本作品不符，但蹦床会盖住这个卡通娃娃，因此不需要处理。

图 3-12　众人观看

4）音乐和音效

从网络上下载儿童歌曲《认真锻炼身体好》，作为本作品的背景音乐；使用系统自带的声音"击打小军鼓"作为当小猪佩奇跳到蹦床上的声音效果。

4.编程

1）小猪佩奇的代码

小猪佩奇的代码如图3-13～图3-17所示。

图3-13 小猪佩奇的代码-1

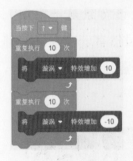

图3-14 小猪佩奇的
　　　　代码-2

图3-15 小猪佩奇的
　　　　代码-3

图3-16 小猪佩奇的
　　　　代码-4

图3-17 小猪佩奇的
　　　　代码-5

2）角色"蹦床"的代码

角色"蹦床"的代码如图3-18所示。

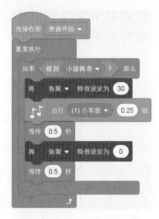

图3-18 蹦床的代码

3）背景的代码

背景的代码如图3-19和图3-20所示。

图3-19 背景的代码-1

图3-20 背景的代码-2

5.程序调试及优化作品

1）程序调试

程序设计好后，可以运行程序，看看有什么问题。问题包括：程序逻辑是否有误。例如本作品中，当按下空格键时，程序是否停止执行，跳蹦床时蹦床有没有变形等；可以观察小猪佩奇在舞台上的位置是否合适等。

2）优化作品

在剧本的初稿中，有很多没有想到的地

方。运行程序,可以检查程序的错误,还可以完善和优化作品。如同晚会的彩排,导演可能会有更好的创意,在实践中发现问题和不足,在实践中完善和优化作品。例如:小猪佩奇跳蹦床时的上下速度是否合理;当按下左移键和右移键时小猪佩奇"扭腰"的角度是否合理等。

6. 作者注释

（1）当"小绿旗"被单击时,是程序开始执行的指令。不论程序简单或复杂,这条指令都是整个程序执行的起点。

（2）编写任何程序,都要为程序"赋初值",包括角色的位置、大小、方向、造型和是否显示等。

（3）重复执行指令是语句体,语句体里面包含了若干条指令,一直执行语句体中的指令,反复执行直到程序停止。

（4）在这里,你就是导演。作品的创意和实现方案是最重要的,根据创意和方案来设计程序代码。程序设计好后,通过程序的试运行,检验程序的正确性,特别是要验证程序是否实现了创意,即是否达到了目的。

（5）在程序代码基本正确的情况下,要反复调整程序代码中的参数,以达到最佳效果,如旋转的速度、角度和循环的次数等。

（6）为达到一个创意目的或实现一个效果,程序代码的设计可以有多种方案和方法。好的程序应该是:程序正确、代码简洁及容易理解。

3.1.3　小工匠大梦想

1. 创意来源

我们居住的高楼大厦和千千万万的房子都是辛勤劳动的工匠为我们盖的,他们是祖国伟大的建设者。我们经常看到工匠身穿工作服,手拿瓦刀砌墙的情景。通过编程能实现砌墙吗?

2. 编剧本并导演

事实上,编剧和导演的很多内容是在后续的"程序调试及优化作品"中逐步完善的。即遵循"自顶向下、逐步求精"的原则,为节省篇幅,在这里一并叙述。

（1）设计方案。设计一个角色"砖块",该砖块有两个造型,一个是横的,一个是竖的。通过操作键盘上的"左移键""右移键"和"下移键",来移动砖块。

（2）方案优化一:设计一个角色"鹦鹉",当程序执行时,鹦鹉提示让你自己设置游戏的难度,即砖块移动的速度。数字越大,表示砖头移动的速度越快,游戏难度越大。

（3）方案优化二:设计两个变量"移动速度"和"分数",其中移动速度在游戏正式开始前,由玩家根据自己的实际情况(如年龄)设置。分数就是砖块的个数,它代表了玩家砌墙所用砖块的数量,数量越多,说明砌墙质量越高。

（4）方案优化三:设计一个"天",当砖块触摸到"天"时,游戏结束。设计一个"地",当砖块接触到"地"时,砖块停止移动。

（5）方案优化四：给本课动画配上合适的音乐来增强本课的主题内容。

（6）给本课动画配上合适的音乐来增强本课的主题内容。

3. 准备素材

1）砖块形状

砖块形状如图 3-21 和图 3-22 所示。

图 3-21 砖块（横）

图 3-22 砖块（竖）

2）鹦鹉造型

鹦鹉造型如图 3-23。

图 3-23 鹦鹉

3）背景

设计一个"天""地"的背景图片，"天"和"地"是用来判断的条件，如图 3-24 所示。

图 3-24 背景

4）音乐

从网络上下载歌曲《小工匠大梦想》。注意，音乐的内容、节奏和风格等应该与本作品相呼应。

4. 编程

1）砖块的代码

砖块的代码如图 3-25 ～图 3-31 所示。

图 3-25 砖块的代码 -1

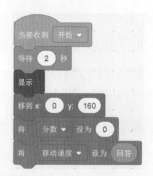
图 3-26 砖块的代码 -2

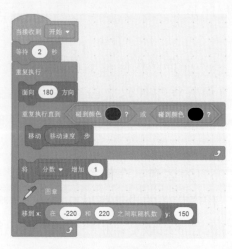
图 3-27 砖块的代码 -3

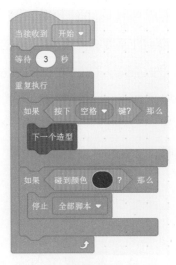

图 3-28　砖块的代码 -4

图 3-29　砖块的代码 -5

图 3-30　砖块的代码 -6

图 3-31　砖块的代码 -7

2）鹦鹉的代码

鹦鹉的代码如图 3-23 和图 3-33 所示。

图 3-32　鹦鹉的代码 -1

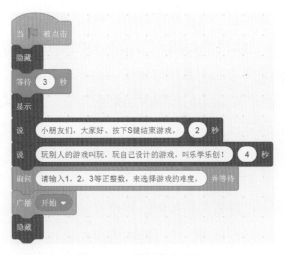

图 3-33　鹦鹉的代码 -2

3）背景的代码

背景的代码如图 3-34 ～图 3-36 所示。

图 3-34　背景的代码 -1

图 3-35　背景的代码 -2

图 3-36　背景的代码 -3

5. 程序调试及优化作品

1）程序调试

程序设计好后，可以运行程序，看看有

什么问题。这些问题包括：程序逻辑是否有误，例如本作品中，当程序开始执行时，设置了砖块的不同移动速度，程序是否正确；当操作键盘上的按键时，是否有效；当砖块碰到舞台的顶部和底部时是否停止；计分是否正确等。

2）优化作品

在剧本的初稿中，有很多没有想到的地方。运行程序，可以检查程序的错误，还可以完善和优化作品，例如晚会的彩排，导演可能会有更好的创意，在实践中发现问题和不足，在实践中完善和优化作品。

6. 作者注释

（1）当"小绿旗"被单击时，是程序开始执行的指令。不论程序简单或复杂，这条指令都是整个程序执行的起点。

（2）编写任何程序，都要为程序"赋初值"，包括角色的位置、大小、方向、造型和是否显示等。

（3）图 3-27 中，使用了控制指令"重复执行直到……"，判断的条件是当移动的砖块碰到"黑色"（可以认为是地面）或碰到"棕色"（砖块的颜色），都要停止砖块的移动，并且加分。

（4）在这里，你就是导演。作品的创意和实现方案是最重要的，根据创意和方案来设计程序代码。程序设计好后，通过程序的试运行，检验程序的正确性，特别是要验证程序是否实现了创意，即是否达到了目的。

（5）在程序代码基本正确的情况下，要反复调整程序代码中的参数，以达到最佳效果。如旋转的速度、角度和循环的次数等。

（6）为达到一个创意目的或实现一个效果，程序代码的设计可以有多种方案和方法。好的程序应该是：程序正确、代码简洁及容易理解。

3.1.4 金丝猴跳竹竿

1. 创意来源

中华民族是一个有着 56 个民族的大家庭，各个民族都有其灿烂的文明、文化和艺术，非常珍贵，我们要保护好、传承好。黎族人在庆祝新春时，都喜欢跳竹竿运动。跳竹竿是一种古老而独特的活动，也是一项令人陶醉的文艺体育运动。它不但姿态优美，富于节奏，而且气氛非常欢快热烈，吸引众人。

跳竹竿是黎族最富有浓郁乡土气息的运动之一，每逢过年过节，黎族同胞便身着艳丽的民族服装，欢聚在广场上，跳起"打竹舞"。跳竹竿时，8 根长竹竿平行排放成四行，竹竿一开一合，随着音乐鼓点的节奏，不断地变换着图案，4～8 名男女青年在交叉的竹竿中随着或快或慢的节奏，灵巧、机智、自由地跳跃，当竹竿分开时，双腿或单脚巧妙地落地，不等竹竿合拢又急速跃起，并不时地变换舞步做出各种优美的舞蹈动作。参加舞蹈的青年男女，一边跳舞一边由小声到大声地喊着："哎 - 喂、哎 - 喂"，大大增添了热烈气氛。

太美了，可以通过编程实现跳竹竿吗？

2. 编剧本并导演

事实上，编剧和导演的很多内容是在后续的"程序调试及优化作品"中逐步完善的。即遵循"自顶向下、逐步求精"的原则，为节省篇幅，在这里一并叙述。

（1）设计方案。游戏开始界面是介绍黎族人跳竹竿，当单击角色"黎族人"时，游戏开始。竹竿左右移动，操控键盘上的上移键、左移键和右移键，移动角色"金丝猴"到达红色的"标记"线，当金丝猴碰到竹竿时，退回原始起点。金丝猴共有 5 次机会，超过 5 次，游戏失败。

（2）方案优化一：当金丝猴到达"标记"，相当于闯过一关，分数增加 10 分，此时退回原点开始下一关。每过一关，竹竿移动的速度就快一点。

（3）方案优化二：当金丝猴碰到"礼物"时，分数增加 10 分，机会的"次数"增加一次。

（4）方案优化三：当分数等于 100 时，跳竹竿成功，当次数小于 0 时，跳竹竿失败。

（5）方案优化四：为衬托热闹的气氛，设计 8 个机器人（从系统自带的角色库中选择），使它们围绕在跳竹竿场地的周围。

（6）给本作品配上音乐，培养学生的音乐艺术素养。注意，音乐的内容、节奏和风格等应该与本课动画相呼应。

3. 准备素材

1）金丝猴

设计一个角色"金丝猴"，从系统自带的角色库中选择 monkey，将角色名称修改为金丝猴，该角色有三个造型。

2）竹竿

设计一个角色"竹竿"，尺寸为 5×30，单位为像素，如图 3-37 所示。

图 3-37　竹竿

3）配角角色

为衬托本作品热闹的场景，设计九个配角角色，从系统自带的角色库中选择九个角色，这些角色有很多造型，以便动态地展示在舞台上。这九个角色分别是：andie、ballerina、batter、ben、casey、catcher、jordyn、pitcher 和 ripley。

4）黎族人

设计一个角色"黎族人"，如图 3-38 所示。

图 3-38　黎族人

5）奖品

设计一个角色"奖品"，该角色有若干造型，分别代表不同的奖品。可以从系统自带的角色库和造型库中选择，设计的奖品是"蝴蝶结"系列，这里给出三个样式以供参考。如图3-39～图3-41所示。

图3-39 奖品-1

图3-40 奖品-2

图3-41 奖品-3

6）标记

设计一个角色"标记"，用于跳竹竿成功，见图3-42所示。图片尺寸为5×960，单位是像素。

图3-42 标记

7）背景

设计四幅背景，如图3-43～图3-46所示。

图3-43 背景-1

图3-44 背景-2

图3-45 背景-3

图3-46 背景-4

8）音乐

从网络上下载纯音乐《黎族竹竿舞》。

4. 编程

1）金丝猴的代码

金丝猴的代码如图3-47～图3-54所示。

图 3-47　金丝猴的代码 -1

图 3-48　金丝猴的代码 -2

图 3-49　金丝猴的代码 -3

图 3-50　金丝猴的代码 -4

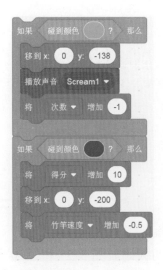

图 3-51　金丝猴的代码 -5（此图嵌入图 3-50 中）

图 3-52　金丝猴的代码 -6

图 3-53　金丝猴的代码 -7（此图嵌入图 3-52 中）

图 3-54　金丝猴的代码 -8（此图接图 3-53）

2）竹竿的代码

竹竿的代码如图 3-55 和图 3-56 所示。

图 3-55　竹竿 -1 的代码 -1

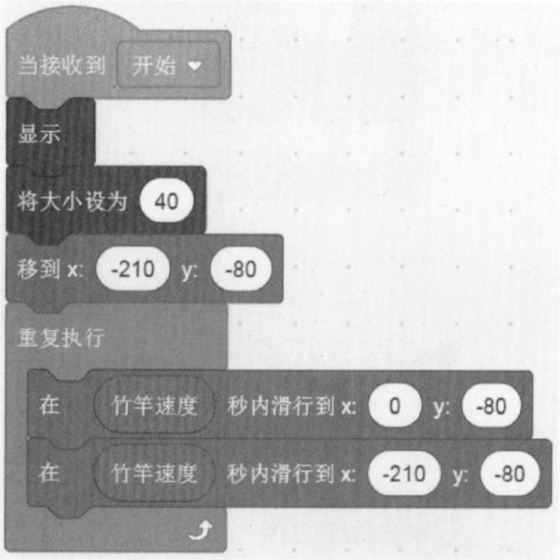

图 3-56　竹竿 -1 的代码 -2

其余 11 根竹竿的代码如下，单击角色区域的角色"竹竿 -1"，在显示出来的菜单中右击"复制"，此时会出现一个新的角色"竹竿 -2"。"竹竿 -2"与"竹竿 -1"的造型和代码完全相同。因为本课共有 12 根"竹竿"，所以，共复制 11 根竹竿，方法完全一样。复制的 11 根竹竿的代码很相似，其中图 3-55 的代码完全相同，为节省篇幅，不再赘述。图 3-57 ～图 3-67 是 11 根竹竿的第二段代码，与图 3-56 很相似。

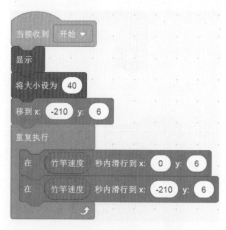

图 3-57　竹竿 -2 的代码

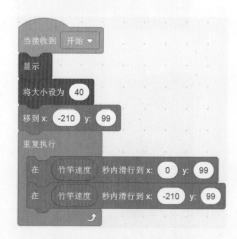

图 3-58　竹竿 -3 的代码

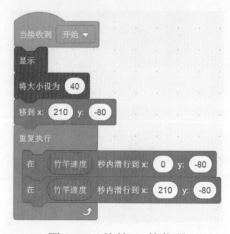

图 3-59　竹竿 -4 的代码

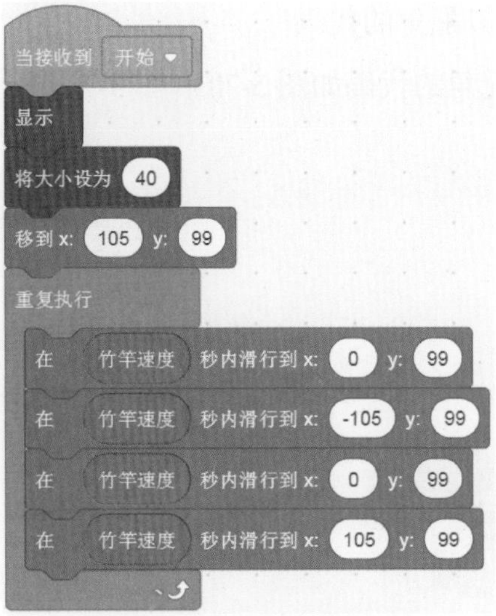

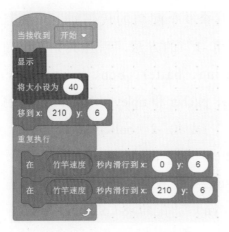

图 3-60　竹竿 -5 的代码

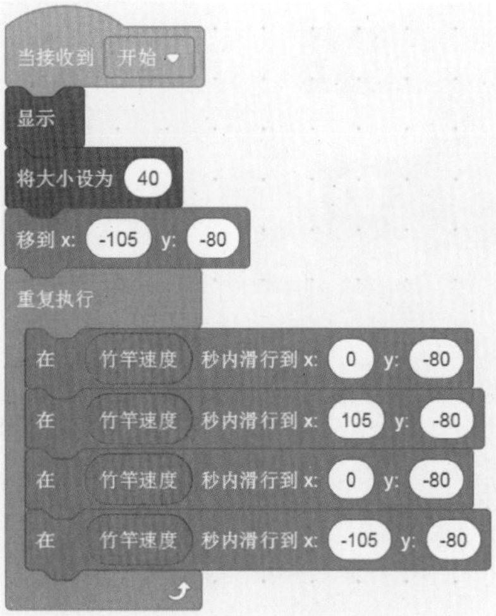

图 3-63　竹竿 -8 的代码

图 3-61　竹竿 -6 的代码

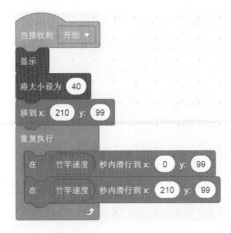

图 3-62　竹竿 -7 的代码

图 3-64　竹竿 -9 的代码

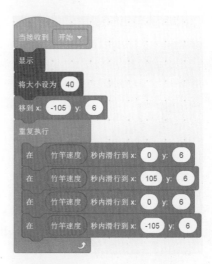

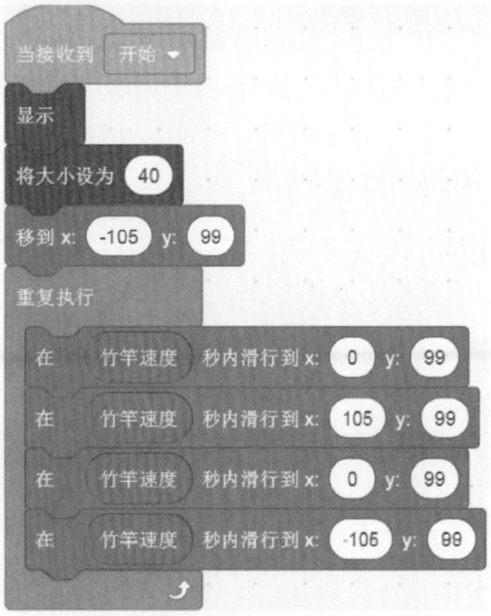

图 3-65　竹竿 -10 的代码

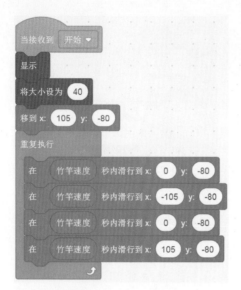

图 3-66 竹竿 -11 的代码

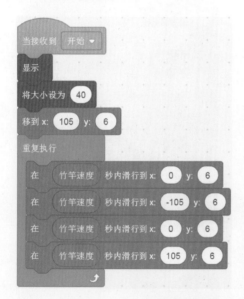

图 3-67 竹竿 -12 的代码

3）标记的代码

标记的代码如图 3-68 和图 3-69 所示。

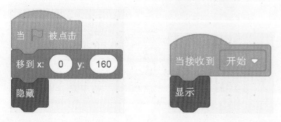

图 3-68 标记的代码 -1   图 3-69 标记的代码 -2

4）配角的代码

配角的代码如图 3-70 和图 3-71 所示。

图 3-70 配角 -1 的   图 3-71 配角 -1 的
代码 -1   代码 -2

其余 9 个配角的代码如下，按照角色"配角 -1"的方法，新建其余 8 个角色：ballerina、batter、ben、casey、catcher、jordyn、pitcher 和 ripley，对应修改角色名称为："配角 -2（ballerina）""配角 -3（batter）""配角 -4（ben）""配角 -5（casey）""配角 -6（catcher）""配角 -7（jordyn）""配角 -8（pitcher）"和"配角 -9（ripley）"。

单击角色区域的"配角 -1"，在显示出来的菜单中单击"复制"，此时会出现一个新的角色"配角 -2"，"配角 -2"与"配角 -1"的造型和代码完全相同。因为本课共有 10 个角色"配角"，所以，共复制 8 个配角，方法完全一样。

复制的 9 个配角的代码很相似，其中图 3-70 的代码完全相同。图 3-72 ～图 3-79 是 9 个配角的第二段代码，与图 3-71 很相似。

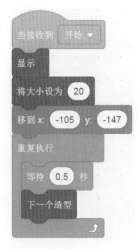

图 3-72　配角 -2 的代码　　图 3-73　配角 -3 的代码

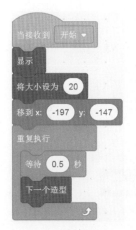

图 3-78　配角 -8 的代码　　图 3-79　配角 -9 的代码

5）奖品的代码

奖品的代码如图 3-80 ～图 3-82 所示。

图 3-74　配角 -4 的代码　　图 3-75　配角 -5 的代码

图 3-80　奖品的代码 -1　　图 3-81　奖品的代码 -2

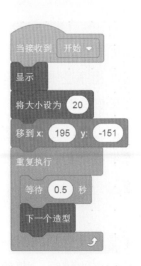

图 3-76　配角 -6 的代码　　图 3-77　配角 -7 的代码

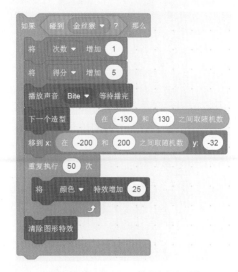

图 3-82　奖品的代码 -3（此图嵌入图 3-81 中）

6）黎族人的代码

黎族人的代码如图3-83~图3-85所示。

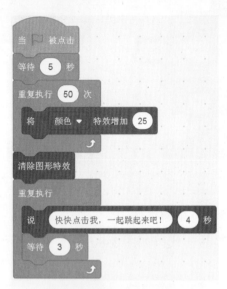

图 3-83 黎族人的代码-1

图 3-84 黎族人的代码-2

图 3-85 黎族人的代码-3

7）背景的代码

背景的代码如图3-86~图3-88所示。

图 3-86 背景的代码-1

图 3-87 背景的代码-2

图 3-88 背景的代码-3

5. 程序调试及优化作品

1）程序调试

程序设计好后，可以运行程序，看看有什么问题。这些问题包括：程序逻辑是否有误，例如本作品中，当金丝猴碰到礼品时，有没有加分；金丝猴跳竹竿失败的条件是否能正确实现；金丝猴跳竹竿成功后，是否能出现跳竹竿胜利的界面等。

2）优化作品

在剧本的初稿中，有很多没有想到的地方。运行程序，可以检查程序的错误，即便是没有错误，还可以完善和优化作品。如同晚会的彩排，导演可能会有更好的创意，在实践中发现问题和不足，在实践中完善和优化作品。例如：竹竿的长度和宽度是否合适；竹竿移动的速度是否合理等。

6.作者注释

（1）当"小绿旗"被单击时，是程序开始执行的指令。不论程序简单或复杂，这条指令都是整个程序执行的起点。

（2）编写任何程序，都要为程序"赋初值"，包括角色的位置、大小、方向、造型和是否显示等。

（3）一个完整的游戏应该是有始有终的，本作品一开始，告诉大家本课游戏的基本内容，当成功和失败时，利用背景图片告诉大家结果。本课还使用了多个卡通角色"配角"来展示跳竹竿的热闹场面，本作品同时使用了多个"声效"来增加游戏的趣味性。

（4）在移动金丝猴的代码中，使用了运动指令"将旋转方式设为……"，单击该指令右侧的箭头，出现如图3-89所示菜单，选择"不可旋转"。

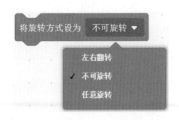

图 3-89　金丝猴移动时的旋转方式设定

如果设定为"左右翻转"，在左右移动角色"金丝猴"时，金丝猴就会出现头朝下的情况，不符合实际。

（5）程序执行效果如图3-90和图3-91所示。

图 3-90　程序执行效果截图 -1

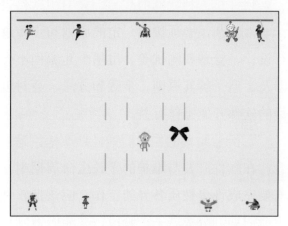

图 3-91　程序执行效果截图 -2

请注意，该截图仅仅是程序执行到某一时刻的效果，不能反映程序执行的整体效果。

（6）在这里，你就是导演。作品的创意和实现方案是最重要的，根据创意和方案来设计程序代码。程序设计好后，通过程序的试运行，检验程序的正确性，特别是要验证程序是否实现了我们的创意，即是否达到了目的。

（7）在程序代码基本正确的情况下，要反复调整程序代码中的参数，以达到最佳效果。如旋转的速度、角度和循环的次数等。

（8）为达到一个创意目的，或实现一个效果，程序代码的设计可以有多种方案和方法。好的程序应该是：程序正确、代码简洁及容易理解。

3.2 程序设计的步骤和方法

3.2.1 软件设计的原则

软件是一种特殊的产品，大中型软件设计非常复杂，必须按照一定的原则和步骤进行设计、管理和测试等。虽然少儿编程不会涉及，但了解其原则、步骤和方法，会对以后的软件开发工作有益。

1. 用分阶段的生命周期计划严格管理

在软件开发与维护的漫长生命周期中，需要完成许多性质各异的工作，应该把软件生命周期划分成若干个阶段，并相应地制订出切实可行的计划，然后严格按照计划对软件的开发与维护工作进行管理。

2. 坚持进行阶段评审

软件的质量保证工作不能等到编写阶段结束之后再进行。这样说至少有两个理由：第一，大部分错误是在编码之前出现的，根据统计，设计错误占软件错误的63%，编码仅占37%；第二，错误发现与改正的越晚，所付出的代价越大。因此，这是一条必须遵循的重要原则，在每个阶段都进行严格的评审，以便尽早发现在软件开发过程中所犯的错误。

3. 实行严格的产品控制

在软件开发过程中不应随意改变需求，因为改变一项需求往往需要付出较高的代价，但是，在软件开发过程中改变需求又是难免的。由于外部环境的变化，用户改变需求是一种客观需要，显然不能硬性禁止客户提出改变需求的要求，而只能依靠科学的产品控制技术来顺应这种要求。当改变需求时，为了保持软件各个配置的一致性，必须实行严格的产品控制，其中主要是实行基线配置。

4. 用现代程序设计技术

从提出软件工程的概念开始，人们一直把主要精力用于研究各种新的程序设计技术。60年代末提出的结构程序设计技术，已经成为绝大多数人公认的先进程序设计技术。在这以后又进一步发展出各种结构分析与结构设计技术。实践表明，采用先进的技术既可提高软件开发的效率，又可提高软件维护的效率。

5. 结果应能清楚地审查

软件产品不同于一般的物理产品，它是看不着摸不到的逻辑产品。软件开发人员的工作进展情况可见性差，难以准确度量，从而使得软件产品的开发过程比一般产品的开发过程更难于评价和管理。为了提高软件开发过程的可见性，更好地进行管理，应该根据软件开发项目的总目标及完成期限，明确开发组织的责任，规定产品标准，从而使得到的结果能够清楚地被审查。

6. 开发小组的人员应该少而精

软件开发小组的组成人员的素质应该高，而人数不宜过多。开发小组人员的素质和数量是影响软件产品质量和开发效率的重要因素，因此，组成少而精的开发小组是软件工程的一条基本原理。

7. 承认不断改进软件工程实践的必要性

遵循上述六条基本原理，就能够按照当代软件工程基本原理实现软件的工程化生产。但是，仅有上述六条原理并不能保证软件开发与维护的过程能赶上时代前进的步伐。因此，承认不断改进软件工程实践的必要性作为软件工程的第七条基本原理。按照这条原理，不仅要积极主动地采纳新的软件技术，而且要注意不断总结经验。

3.2.2　程序设计的一般步骤

1. 问题定义

问题定义阶段必须回答的关键问题是，要解决的问题是什么？如果不知道问题是什么就试图解决这个问题，显然是盲目的，只会白白浪费时间和金钱，最终得到的结果很可能是毫无意义的。尽管确切地定义问题很重要，但是在实践中它却可能是最容易被忽视的一个步骤。

要完成问题定义阶段的工作，系统分析员应该提供关于问题性质、工程目标和规模的书面报告。通过对系统的实际用户和使用部门负责人的访问调查，分析员需要写出他对问题的理解，并在用户和使用部门负责人

的会议上认真讨论这份书面报告，澄清含糊不清的地方，改正理解不正确的地方，最后得出一份双方都满意的文档。

2. 可行性研究

这个阶段要回答的关键问题是，对于上一个阶段所确定的问题有行得通的解决办法吗？为了回答这个问题，系统分析员需要完成一次大大压缩和简化了的系统分析和设计，即在较抽象的高层次上进行的分析和设计。可行性研究应该比较简短，这个阶段的任务不是具体解决问题，而是研究问题的范围，探索这个问题是否值得去解决，是否有可行的解决办法。可行性研究，一般包括经济可行性研究、技术可行性研究、操作可行性研究和法律可行性研究。

可行性研究的结果是让使用部门负责人做出"是否继续进行这项工程的决定"的重要依据。一般说来，只有投资可能取得较大效益的工程项目才值得继续进行下去。可行性研究以后的那些阶段将需要投入更多的人力和物力。及时中止不值得投资的工程项目，才可以避免更大的浪费。

3. 需求分析

这个阶段的任务仍然不是具体地解决问题，而是准确地确定"为了解决这个问题，目标系统必须做什么"，主要是确定目标系统必须具备哪些功能。用户了解他们所面对的问题，知道必须做什么，但是通常用户不能完整、准确地表达出他们的要求，更不知道怎样利用编程解决他们的问题；软件开发人员知道怎样使用软件实现用户的要求，但

是对特定用户的具体要求并不完全清楚。因此，系统分析员在需求分析阶段必须和用户密切配合，充分交流信息，得到经过用户确认的系统逻辑模型。通常用数据流图、数据字典和简要的算法描述系统的逻辑模型。

在需求分析阶段确定的系统逻辑模型是以后设计和实现目标系统的基础，因此必须准确、完整地体现用户的要求。系统分析员通常都是软件技术专家，技术专家一般都很快着手进行设计，然而，一旦系统分析员开始谈论程序设计的细节，就容易脱离用户需求，软件工程使用的结构分析设计的方法为每个阶段都规定了特定的结束标准，需求分析阶段必须提供完整、准确的系统逻辑模型，经过用户确认之后才能进入下一个阶段，这就可以有效地减少急于进行具体设计的问题。

4. 总体设计

这个阶段必须回答的关键问题是：概括地说，应该如何解决这个问题？首先，应该考虑几种可能的解决方案。例如，目标系统的一些主要功能是用计算机自动完成，还是用人工完成；如果使用计算机，那么是使用批处理方式，还是人机交互方式；信息存储使用传统的文件系统，还是数据库……。通常应该考虑下述几类可能的方案。

（1）低成本的解决方案。

系统只能完成最基本的工作，不能多做一点额外的工作。

（2）中等成本的解决方案。

系统不仅能够很好地完成预定的任务，

使用起来很方便，而且还具有用户没有具体指定的某些功能和特点。虽然用户没有提出这些具体要求，但是系统分析员根据自己的知识和经验断定，这些附加的功能在实践中是很有价值的。

（3）高成本的"十全十美"的系统，具有用户希望的所有功能和特点。

系统分析员应该使用系统流程图或其他工具描述每种可能的系统，预估每种方案的成本和效益，还应该在充分权衡各种方案利弊的基础上，制订实现所推荐系统的详细计划。如果用户接受分析员推荐的系统，则可以着手完成本阶段的另一项主要工作。

上面的工作确定了解决问题的策略以及目标系统需要哪些程序。但是，怎样设计这些程序呢？结构设计的一条基本原理就是程序应该模块化，即一个大程序应该由许多规模适中的模块按合理的层次结构组织而成。总体设计阶段的第二项主要任务就是设计软件的结构，即确定程序由哪些模块组成以及模块间的关系。通常用层次图或结构图描绘软件的结构。

5. 详细设计

总体设计阶段以比较抽象概括的方式提出了解决问题的办法。详细设计阶段的任务就是把解法具体化，即回答下面这个关键问题：应该怎样具体地实现这个系统？这个阶段的任务不是编写程序，而是设计出程序的详细规格说明。这种规格说明的作用类似于其他工程领域中工程师经常使用的工程蓝图，它们应该包含必要的细节，程序员可以根据它们写出实际的程序代码。通常用HIPO图（层次图＋输入／处理／输出图）或PDL语言（过程设计语言）描述详细设计的结果。

6. 编码和单元测试

这个阶段的关键任务是写出正确的容易理解、容易维护的程序模块。程序员应该根据目标系统的性质和实际环境，选取一种适当的高级程序设计语言（必要时用汇编语言），把详细的设计结果翻译成用选定的语言书写的程序，并且仔细测试编写出的每一个模块。

7. 综合测试

这个阶段的关键任务是通过各种类型的测试（及相应的调试）使软件达到预定的要求。

最基本的测试是集成测试和验收测试。集成测试是根据设计的软件结构，把经过单元测试检验的模块按某种选定的策略装配起来，在装配过程中对程序进行必要的测试。验收测试则是按照规格说明书的规定（通常在需求分析阶段确定），由用户（或在用户积极参加下）对目标系统进行验收。

必要时还可以再通过现场测试或平行运行等方法对目标系统进一步测试检验。为了使用户能够积极参加验收测试，并且在系统投入生产性运行以后，能够正确有效地使用这个系统，通常需要以正式的或非正式的方式对用户进行培训。通过对软件测试结果的分析可以预测软件的可靠性；反之，根据对软件可靠性的要求也可以决定测试和调

试过程的结束时间。应该用正式的文档资料把测试计划、详细测试方案以及实际测试结果保存下来，作为软件配置的一个组成成分。

8. 软件维护

维护阶段的关键任务是通过各种必要的维护活动使系统持久地满足用户的需要。通常有四类维护活动：改正性维护即诊断和改正在使用过程中发现的软件错误；适应性维护即修改软件以适应环境的变化；完善性维护，即根据用户的要求改进或扩充软件使它更完善；预防性维护，即修改软件为将来的维护活动预先做准备。

3.2.3 Scratch3.0图形化程序设计的原则和步骤

Scratch3.0图形化程序设计的原则和步骤，从根本上与使用高级语言开发软件特别是中大型软件的原则和步骤是一致的，但也不完全相同。

1. Scratch3.0图形化程序设计的原则

（1）自顶向下，逐步求精。

人的脑力是有限的，解决复杂问题的唯一方法是把复杂的问题简化，把大的问题化小。

（2）程序容易阅读。

对自己和他人来说，程序容易阅读是很重要的。正确的程序不代表阅读性好，程序虽然是正确的但难以理解，不利于自己或他人对程序进行改进和升级。注释和命名需要有意义，且结构清晰。

（3）代码较小。

在保证正确和良好阅读性的前提下，代码越少，程序执行的效率越高。

（4）程序完整。

这里强调的是，在初始界面中，就要告诉用户程序如何操作。另外，程序应该有强制停止执行的方法。请参考3.1.3节和3.1.4节两个案例。

（5）界面友好。

在图形化编程中，里面的图片、音乐和音效等应尽可能精美，它们服务于作品的主要内容。

2. Scratch3.0图形化程序设计的步骤

请参考3.1节中的四个案例。

（1）从生活中寻找创意。

要注意观察生活中的各种现象，利用自己现有的知识和技能从生活中寻找灵感。认真观察，深刻思考，就会有所发现。从这个意义上说，应该博览群书并深刻思考，养成注意观察和发现的好习惯。

（2）编剧本及导演。

有了观察后的灵感，就可以进一步思考自己要实现什么和达到什么目标及效果。

（3）设计角色及其相互关系。

有了目标，即可进一步设计和确定作品的方案,方案不可能一步到位,需要反复修改、推敲和细化。然后，可以设计各个角色和背景以及它们之间的相互关系。复杂的作品可以画出角色之间的逻辑图和程序的流程图。

（4）初步编写程序。

有了上面的基础，现在可以编写程序了。如同写作文，程序也不可能一步到位，需要反复修改。

（5）运行程序并对程序纠错和完善。

程序设计好后，执行程序并认真观察和思考出现的问题。纠错就是寻找程序出现的各种错误，而完善程序则是对作品的创意进一步修改和对角色图片的进一步设计等。

（6）整理文档。

对于复杂的作品，应该写出作品设计的步骤和注意事项，对于复杂的代码给出必要的注释。这对于日后的修改和完善很有帮助。

3.3　程序的调试

在程序开发过程中，出现程序错误（Bug）是不可避免的。这时候就需要对程序进行调试，通过调试，发现错误，着手去除Bug。编写一段程序或许不难，难的是程序出现错误后，调试、排查和修复。与编写程序相比，程序调试对于开发人员的水平要求更高。

从教学的角度来看，学生的程序调试排错是一种较高的能力。学生跟着老师学习了很多案例，每行代码都烂熟于心，但是当自己开始编写程序时，出现Bug却手足无措。这时掌握程序排错的方法显得格外重要，好的调试策略是设计程序时的一种法宝。程序调试也是锻炼思维方式和培养解决问题能力的极好途径。程序出现错误的原因，除了那些编程语言共同的原因，还有一些 Scratch 特色的原因。

1. 在运行程序中发现错误

程序设计好后，首先运行程序。在此过程中，你首先会发现程序运行异常的问题。导致问题的因素方方面面，主要有：指令使用不当；指令参数不合适；角色与角色之间的联系有误；变量原因；程序逻辑错误；程序初值不正确等。下面举例说明。

创意的题目是《猫咪慢慢长大了》，为达到一个创意目的或实现一个效果，程序的设计可以有多种方案和方法。本创意的简单实现方法，是让猫咪在舞台上左右来回走动，若碰到舞台边缘，猫咪变大一点，长大到一定程度，程序停止执行。猫咪的初步代码如图 3-92 和图 3-93 所示。

图 3-92　猫咪的初步代码 -1

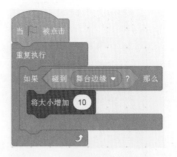

图 3-93　猫咪的初步代码 -2

上面的程序有什么问题吗？阅读程序，似乎没有什么问题，但运行该程序若干时间后，发现猫咪会走到舞台的顶部边缘。

1）问题 -1

程序的错误往往隐藏在变量之中。Scratch3.0 系统有变量类指令，它们在运行时其值是变化的。另外，还有一种不是变量的变量，例如图 3-93 中的指令"将大小增加 10"。猫咪的初始位置在靠近舞台的下方，当猫咪逐步变大以后，就会碰到舞台下方的边缘，而在图 3-92 中有"碰到边缘就反弹"的指令，猫咪反弹就会形成角度，逐步向舞台上方移动。

2）问题 -2

慢慢长大的猫咪其体型会慢慢变大，而走路的速度也会慢慢快起来。如何实现呢？

3）问题 -3

猫咪在长到一定程度后，就会停止生长，不能无限长大。如何实现呢？

4）问题 -4

在运行程序后，你会发现，猫咪在碰到边缘时，头就会向下，为什么？

针对以上四个问题，改进程序如图 3-94～图 3-96 所示。

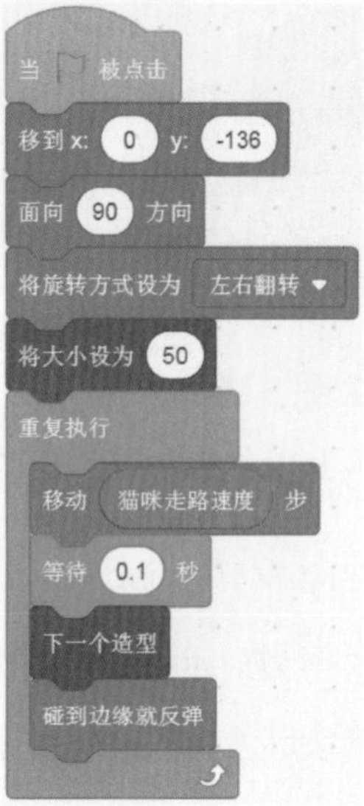

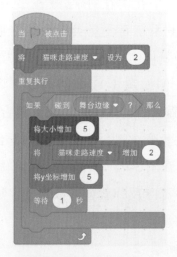

图 3-94　猫咪的代码 -1

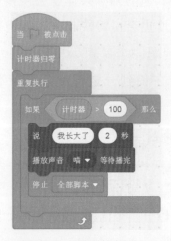

图 3-95　猫咪的代码 -2

图 3-96　猫咪的代码 -3

程序说明如下。

（1）解决第一个问题的方法是：在图 3-95 中添加"将 y 坐标增加 5"，当猫咪变大后，让猫咪向舞台上方移动，这样就不会碰到舞台边缘了。

（2）解决第二个问题的方法是：新建一个变量"猫咪走路速度"，因为猫咪碰到舞台边缘就会变大一点，此时猫咪的走路速度应该加快一点。猫咪碰到舞台边缘时，该变量值就会"将猫咪走路速度增加 2"，在图 3-94 中，猫咪会"移动猫咪走路速度步"，这样猫咪走路的速度随着体型变大而加快。

（3）解决第三个问题的方法是：设置一个计时器，当计时器的数值到达某值时，程序停止执行。在图 3-96 中，计时器的值如何确定呢？将指令库中的指令"计时器"勾选，此时计时器的值就会显示在舞台上。这样，可以先将计时器的值设定大一些（如 2000），当运行程序猫咪长大到合适的大小时，查看舞台上计时器的值，然后修改指令"计时器 >2000"中的值为 100。

（4）解决第四个问题的方法是：在图 3-94 中添加指令"将旋转方式设为左右翻转"。

（5）图 3-95 中，"等待 1 秒"有什么意义呢？如果没有这条指令，由于猫咪每次移动是 5 步，所以，当猫咪碰到边缘时，程序有可能认为猫咪碰到边缘是几次而不是一次，这样猫咪就会变大几次。

（6）编写任何程序，都要为程序"赋初值"，包括角色的位置、大小、方向、造型、变量、背景和角色是否显示等。

2. 设置断点

有时候，需要查看程序执行到某一时刻的状态，由于程序执行速度很快，无法查看。此时可以将如图3-97和图3-98的指令插入到程序的某一位置。当程序执行到该指令时，就会停下来以便查看，然后按下空格键，程序继续执行，以此类推。

图 3-97　设置断点指令 -1

图 3-98　设置断点指令 -2

3. 利用变量检验角色状态

如果去掉图3-95中"等待1秒"指令，程序似乎没有问题，我们来检验一下。新建一个变量"碰到边缘的次数"，图3-95代码修改为如图3-99所示。

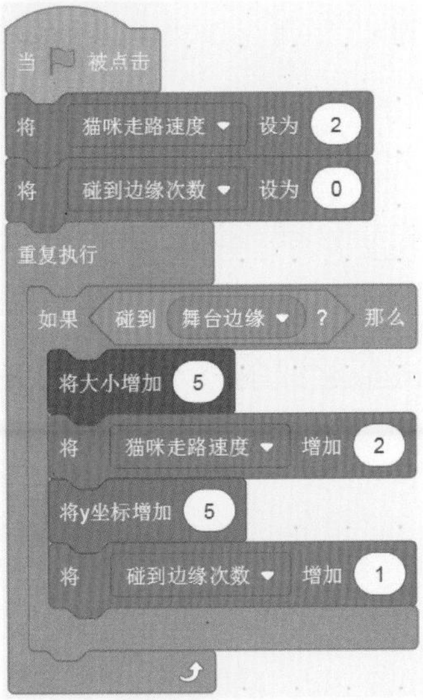

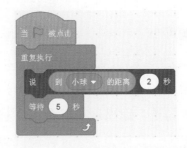

图 3-99　利用变量检验猫咪碰到边缘的次数

执行程序后，发现猫咪碰到边缘后，其次数应该是一次或增加一次，但结果却是若干次，具体次数不尽相同。有了"等待1秒"指令，程序就正确了。由此看出，程序具有复杂性，阅读程序时感觉没有问题，实际执行时却不正确。

4. 利用指令"说……秒"

（1）测算猫咪到小球的距离。

舞台上有一个随机移动的小球，可以利用"说……秒"指令，方便地获取猫咪到小球的距离，如图3-100所示。

图 3-100　测算猫咪到小球的距离

（2）计算表达式的值。

例如想知道表达式"5+9/3×8"的值是否正确，可以执行如图3-101所示的代码，以便检验给出的运算指令是否正确。该表达式的值应该是29，但程序执行结果是5.38。

图 3-101　计算表达式的值 -1

实际上，我们的本意是计算"5+（9/3）×8"，但在程序的运算表达式中却不是这样。

正确的表达式如图 3-102 所示。

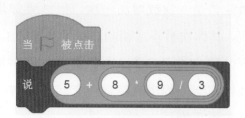

图 3-102　计算表达式的值 -2

5. 改变参数

在调试的过程中，为了查看方便或加快调试速度，可以改变参数。例如，在"小工匠大梦想"中，可以将指令移动"移动速度"步里面的变量"移动速度"先修改为常量，数值可大可小。

6. 显示变量值

在指令区，很多"椭圆形"的指令都可以通过"勾选"而显示在舞台上，且显示的位置可以拖动鼠标调整。这样可以方便地查看相关信息，例如在图 3-94 中，在指令区勾选后，该变量就会显示在舞台上。还有前面所述的"碰到边缘次数""计时器"和"y坐标"等，如图 3-103 所示。

图 3-103　变量值显示在舞台上

7. 指令确认法

例如，为了查看角色的颜色特效，可以执行如图 3-104 所示的代码，根据查看的结果，可以改变参数值，以达到我们想要的结果。

图 3-104　利用点击积木查看程序执行效果

8. 计数法

参见图 3-96 的程序说明。这种方法很灵活，当计时器归零后，就是一个起点，从起点开始，观察程序的执行情况。

9. 黑盒调试法

由于不需要了解程序内部逻辑，只需要关注输入和输出的结果，因此把这种方法称为黑盒调试法。输入数据，查看结果，逐行分析指令代码。将指令参数"回答"先修改为常量，数值可大可小，以便观察程序的执行是否正确。

10. 拆解法

如果程序复杂，可以将完整的程序拆解，分模块和分段调试，少许改变程序指令即可拆解。例如在"金丝猴跳竹竿"中，可以单独测试金丝猴的移动、碰到终点或碰到奖品等。

第4章　运动类指令详解

运动类共有18条指令，如图4-1和图4-2所示。在背景模式下，运动类指令不可使用。

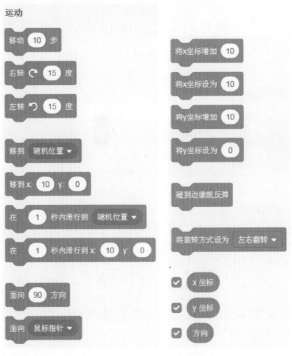

图4-1　运动类指令-1　图4-2　运动类指令-2

4.1　移动……步

该指令如图4-3所示。

图4-3　移动……步

4.1.1　指令解析

如果指定了角色的方向（如使用指令"面向……"），则沿角色指定的方向移动设定的步数，下一次移动的方向仍然朝这个方向移动，这是因为程序具有记忆性，除非再次改变方向。如果没有指定角色的方向，则系统默认角色向舞台的右侧移动。移动一步等于系统舞台坐标的一个单位，系统中舞台坐标的一个单位等于2个像素点。积木中的参数可设定。

4.1.2　参数设定方法

单击积木中的白框，白框中的颜色变成了蓝色（截图时变成了灰色），此时从键盘上输入数值即可改变参数的设置，即移动的步数。我们设置移动步数为60，见图4-4和图4-5所示。改变颜色后，也可以按键盘上的"删除键"将原来的参数值清除，然后再输入需要设置的参数。下同，不再赘述。

图4-4　指令参数设置-1　图4-5　指令参数设置-2

4.1.3 举例

1. 按照默认的方向移动

新建一个角色"小汽车",如图 4-6 所示,该角色在角色区域的方向如图 4-7 所示,小汽车的车头是朝舞台右侧的,即小汽车的"面"在舞台右侧,即车头。

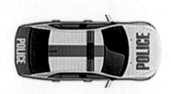

图 4-6 角色小汽车

图 4-7 角色在角色区域的方向就是默认方向

当执行如图 4-8 所示的指令时,小汽车向右移动 10 步。

图 4-8 小汽车按照默认方向移动

2. 按照指定的方向移动

当执行如图 4-9 所示的指令时,小汽车向舞台上方移动 10 步。在图 4-9 中,左侧的是指令,右侧的是方向选择的设定(参见指令"面向……方向"详解)。

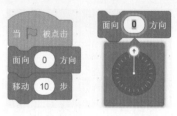

图 4-9 小汽车按照指定方向(舞台上方)移动

程序执行效果如图 4-10 所示,可以看出,小汽车的车头是朝舞台上方的。

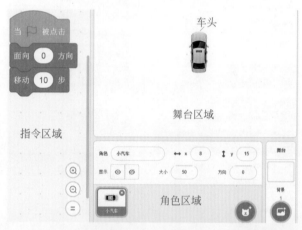

图 4-10 小汽车"面"向舞台上方移动

4.1.4 综合实例

该实例的名称是"驾驶小汽车"。

1. 新建一个"项目"

打开 Scratch3.0 系统,单击主界面上方"文件"菜单,在弹出的菜单中单击"新建项目",此时是程序系统默认的界面。系统中默认的角色是一个猫咪,角色名称是"角色 1",将该角色删除。单击主界面上方"文件"菜单,在弹出的菜单中单击"保存到电脑"选项,选择文件保存到电脑中的路径,给该项目命名为"驾驶小汽车"。

2. 新建一个角色"小汽车"

单击主界面右下方"新建角色"按钮，在弹出的菜单中单击"上传角色"，将如图 4-6 所示的角色"小汽车"上传。

3. 编写代码

按照图 4-11 和图 4-12 所示，将需要的指令拖动到代码区。

图 4-11　角色小汽车的代码 -1

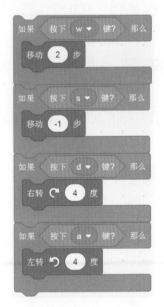

图 4-12　角色小汽车的代码 -2（此图嵌入图 4-9 中）

4. 运行程序

单击主界面上方的"小绿旗"运行程序，

操控键盘上的"W""S""D"和"A"键，移动小汽车向前、向后、向左和向右移动。

4.2　右转……度

该指令如图 4-13 所示。

图 4-13　右转……度

4.2.1　指令解析

执行该指令，角色原地向右（顺时针）旋转指定的角度。

4.2.2　参数设定方法

请参考 4.1.2 节。

4.2.3　举例

新建一个角色"猫咪"，若执行如图 4-14 所示的指令，猫咪向右旋转 36 度，见图 4-15 所示。

图 4-14　角色猫咪右转 36 度代码

图 4-15　猫咪右转 36 度前后对比

4.2.4 综合实例

该实例的名称是"魔幻轮"。

1. 新建一个"项目"

打开 Scratch3.0 系统，单击主界面左上方"文件"菜单，在弹出的菜单中单击"新建项目"选项，此时是程序系统默认界面，系统中默认的角色是一个猫咪，角色名称是"角色1"，将该角色删除。单击主界面左上方"文件"菜单，在弹出的菜单中单击"保存到电脑"选项，选择文件保存到电脑中的路径，给该项目命名为"魔幻轮"。

2. 新建一个角色"魔幻轮"

单击主界面右下方"新建角色"按钮，在弹出的菜单中单击"上传角色"，将如图 4-16 所示的角色"魔幻轮"上传。

图 4-16　角色魔幻轮

3. 编写代码

按照图 4-17 所示，将需要的指令拖动到代码区。

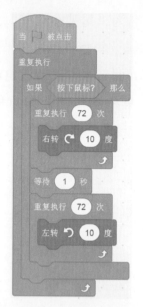

图 4-17　角色魔幻轮的代码

4. 运行程序

当执行如图 4-17 所示的代码时，若单击后，魔幻轮右转 12 度，即 2 圈，然后再左转 12 度，即 2 圈。因为每到单击鼠标后，共旋转 12 次 ×10 = 120 度。

4.3 左转……度

使用方法同指令"右转……度"。

4.4 移到……

该指令如图 4-18 所示。

图 4-18　移到……

4.4.1 指令解析

1. 随机位置

执行该指令后，角色移到"随机位置"。移到随机位置是指，角色移到舞台上的一个不确定的位置，其 x 坐标和 y 坐标值是随机的。随机就是事件出现的不确定性。研究随机现象中存在的统计规律，可以将随机现象的结果与实际数值对应起来，即将结果数量化。随机现象如果用数值来描述，则可以将数学分析的方法引入到随机现象的研究中。

有些实验结果是用数值表示的，可以直接用这些数值代表随机变量的数值，如掷骰子的点数。但有一些试验的结果并不是数值，而是各种态度、观点和属性，如记录顾客的性别，对于这样的试验结果，通常使用不同的数值来代表不同的结果，如令"男性＝1""女性＝0"，这样就可以用随机变量来描述试验的结果了。根据随机变量所代表数值的不同，随机变量分为两类：离散型随机变量和连续型随机变量。

2. 鼠标指针

鼠标指针是在计算机开始使用鼠标后，为了在图形界面上标识出鼠标位置而产生的。随着计算机软件的发展，它渐渐地包含了更多的信息，即角色跟着鼠标位置变化，鼠标在哪里，角色就在哪里。

4.4.2 参数设定方法

单击该指令右侧的向下箭头，从两个位置选择其中之一即可。

4.4.3 举例

新建一个角色"猫咪"。

1. 移到：随机位置

执行如图 4-19 所示的代码，猫咪移到舞台上的"随机位置"。

图 4-19　猫咪移到"随机位置"

2. 移到：鼠标指针

执行如图 4-20 所示的代码，猫咪移到舞台上鼠标指向的位置，即鼠标指针移动到哪里，猫咪就移到哪里。

图 4-20　猫咪移到"鼠标指针"

4.4.4 综合实例

该实例的名称是"可爱的小猫咪"。

1. 新建一个"项目"

打开 Scratch3.0 系统，单击主界面左上方"文件"菜单，在弹出的菜单中单击"新建项目"选项，此时是程序系统默认的界面，系统中默认的角色是一个猫咪，角色名称是"角色1"，将该角色名称修改为"猫咪"。单击主界面左上方"文件"菜单，在弹出的菜单中单击"保存到电脑"选项，选择文件保存到电脑中的路径，给该项目命名为"可爱的小猫咪"。

2. 新建一个角色"猫咪"

同上。

3. 编写代码

按照图 4-21 所示，将需要的指令拖动到代码区。

图 4-21　猫咪移到的位置选择演示

4. 运行程序

执行如图 4-21 所示的代码，猫咪先移到舞台中央，然后执行循环 10 次，每执行一次，猫咪就移到"随机位置"并发出"喵"叫声。然后，执行无限循环"重复执行"指令，此时，移动鼠标指针，猫咪就跟着鼠标指针移动到鼠标指针当前位置。

注意： 在计算机高级语言中，如 C/C++语言和 Python 语言等，是不允许出现"无限循环"的。因为"无限循环"没有意义，

执行无限的时间却没有结果。

如果执行如图 4-22 所示的代码，由于程序执行很快，当执行代码后，你可能还来不及移动鼠标指针，程序就执行结束了。

图 4-22　猫咪移到"鼠标指针"说明

4.5　移到 x：…… y：……

该指令如图 4-23 所示。

图 4-23　移到 x：…… y：……

4.5.1　指令解析

图 4-23 是将两条指令放在了一起，便于对比。执行该指令后，左侧的图是将角色移到坐标 x=0 和 y=0 的位置，即舞台中央，而右侧的图是将角色移到坐标 x=-213和 y=30 的位置。

4.5.2　举例

执行如图 4-24 所示的代码，猫咪的移动轨迹是边长为 200 单位的一个正方形，起点是正方形的右上角。

图 4-24　猫咪的轨迹是一个正方形

4.5.3　综合实例

该实例的名称是"快乐的小球"。

1. 新建一个"项目"

打开 Scratch3.0 系统，单击主界面左上方"文件"菜单，在弹出的菜单中单击"新建项目"选项，此时是程序系统默认的界面，系统中默认的角色是一个猫咪，角色名称是"角色1"，将该角色删除。单击主界面左上方"文件"菜单，在弹出的菜单中单击"保存到电脑"选项，选择文件保存到电脑中的路径，给该项目命名为"快乐的小球"。

2. 新建一个角色"小球"

单击主界面右下方"新建角色"按钮，在弹出的菜单中单击"选择一个角色"选项，选择 beachball。

3. 编写代码

按照图 4-25 所示，将需要的指令拖动到代码区。

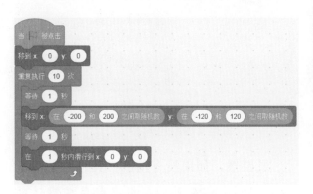

图 4-25　角色小球的代码

4. 运行程序

新建一个角色"小球"，执行如图 4-25 所示的代码后，小球首先移动到舞台中央。然后重复执行 10 次"移到舞台上的一个随机位置，回到舞台中央"两个动作。

4.6　在……秒内滑行到……

该指令如图 4-26 所示。

图 4-26　在……秒内滑行到……（除本角色外没有其他角色）

4.6.1　指令解析

新建两个角色"多彩小球"和"黄色小球"，下面的指令是针对"多彩小球"的，可以看出，该指令是多彩小球在 1 秒内滑行到黄色小球，如图 4-27 所示。

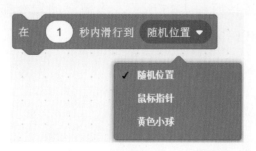

图 4-27　在……秒内滑行到……（除本角色外还有其他角色）

很显然，如果没有角色"黄色小球"，该指令如图 4-26 所示，即只有系统默认的"随机位置"和"鼠标指针"，这与指令"移到……"类似（见指令 4.4）。如果除本角色外还有其他多个角色，那么该指令的下拉菜单中都会出现。滑行与"移动……步"不同，滑行是平均分配时间，其移动速度是匀速运动。

4.6.2　举例

针对彩色小球和黄色小球，执行如图 4-28 所示的代码，则彩色小球在 3 秒内滑行到黄色小球，即两个角色的中心点重叠。

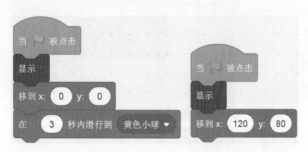

图 4-28　彩色小球在 3 秒内滑行到黄色小球

在图 4-28 中，左侧的是多彩小球的代码，右侧的是黄色小球的代码。

4.6.3　综合实例

该实例的名称是"彩色小球"。

1. 新建一个"项目"

打开 Scratch3.0 系统，单击主界面左上方"文件"菜单，在弹出的菜单中单击"新建项目"选项，此时是程序系统默认的界面，系统中默认的角色是一个猫咪，角色名称是"角色 1"，将该角色删除。单击主界面左上方"文件"菜单，在弹出的菜单中单击"保存到电脑"选项，选择文件保存到电脑中的路径，给该项目命名为"彩色小球"。

2. 新建一个角色"彩色小球"

单击主界面右下方"新建角色"按钮，在弹出的菜单中单击"选择一个角色"，选择 ball 和 button1。

3. 编写代码

按照图 4-29 所示，将需要的指令拖动到代码区。

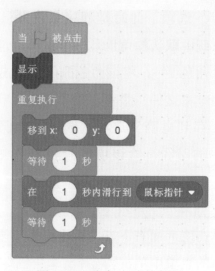

图 4-29　彩色小球的代码

4. 运行程序

执行如图 4-29 所示的角色彩色小球的代码，角色先移到舞台中央，然后无限循环执行"在 1 秒内滑行到鼠标指针所在的位置，然后再回到舞台中央"，角色跟着鼠标指针的移动而移动。

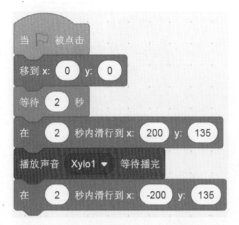

图 4-31　黄色小球的代码

4.7　在……秒内滑行到 x：…… y：……

该指令如图 4-30 所示。

图 4-30　在……秒内滑行到 x：…… y：……

4.7.1　指令解析

当执行该指令时，角色在某时间（秒）内滑行到设定的 x 坐标和 y 坐标。角色从某个位置滑行到另一个位置，其路径是直线。

4.7.2　举例

新建角色"黄色小球"，执行如图 4-31 所示的代码，黄色小球先移到舞台中央，等待 2 秒后，在 2 秒内滑行到 x=200 及 y=135 的位置，即舞台的右上角。然后播放音乐"Xylo1"。最后，角色在 2 秒内滑行到 x=-200 及 y=135 的位置，即舞台的左上角。很显然，该位置与移动前的位置呈 y 轴对称。

4.7.3　综合实例

该实例的名称是"红色小球的轨迹"。

1. 新建一个"项目"

打开 Scratch3.0 系统，单击主界面左上方"文件"菜单，在弹出的菜单中单击"新建项目"选项，此时是程序系统默认的界面，系统中默认的角色是一个猫咪，角色名称是"角色 1"，将该角色删除。单击主界面左上方"文件"菜单，在弹出的菜单中单击"保存到电脑"选项，选择文件保存到电脑中的路径，给该项目命名为"红色小球的轨迹"。

2. 新建一个角色"小汽车"

单击主界面右下方"新建角色"按钮，在弹出的菜单中单击"选择一个角色"，选择 ball，并从该角色的多个造型中选择红色的小球。

3. 编写代码

按照图 4-32 和图 4-33 所示，将需要的指令拖动到代码区。

图 4-32 红色小球的代码 -1

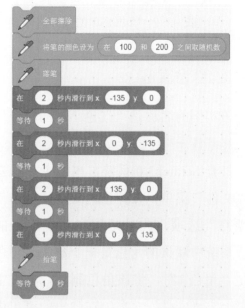

图 4-33 红色小球的代码 -2（此图嵌入图 4-32 中）

4. 运行程序

执行如图 4-32 和图 4-33 所示的代码，小球移动的轨迹是一个菱形正方形。

4.8 面向……方向

该指令如图 4-34 所示。

图 4-34 面向……方向

4.8.1 指令解析

当单击图 4-34 中的白色参数值 90 时，90 颜色变成了蓝色（截图时变成了灰色），该指令如图 4-35 所示。此时，可以用鼠标拖动方向指针来调节方向值，也可以直接从键盘上输入数值来精确地确定方向参数，如图 4-36 所示，从键盘上输入 15。

图 4-35 角色方向参数设置

图 4-36 从键盘上输入方向参数数值

请注意，这里的"面"是指角色在角色库中向着舞台右侧的面。

4.8.2 举例

新建角色"紫色小汽车"，如果在角色区车头是向右的（即车头就是面），当执行如图 4-37 所示的代码时，车头先朝舞台的上方移动 60 步，然后车头朝向 30 度方向移动 60 步，最后车头朝 -30 度方向移动 60 步。

图 4-37 紫色小汽车的代码

参见如图 4-38 所示的舞台方向坐标系。

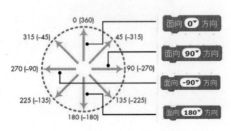

图 4-38 舞台方向坐标系

4.8.3 综合实例

该实例的名称是"驾驶小汽车比赛啦"。

1. 新建一个"项目"

打开 Scratch3.0 系统，单击主界面左上方"文件"菜单，在弹出的菜单中单击"新建项目"选项，此时是程序系统默认的界面，系统中默认的角色是一个猫咪，角色名称是"角色 1"，将该角色删除。单击主界面左上方"文件"菜单，在弹出的菜单中单击

"保存到电脑"选项，选择文件保存到电脑中的路径，给该项目命名为"驾驶小汽车比赛啦"。

2. 新建一个角色"小汽车"

设计一个角色"蓝色小汽车"和一个角色"黄色小汽车"，单击主界面右下方"新建角色"按钮，在弹出的菜单中单击"上传角色"选项，将两个角色上传。

3. 编写代码

按照图 4-39 ～图 4-41 所示，将需要的指令拖动到代码区。

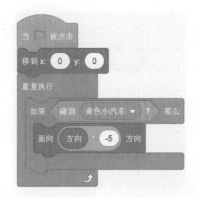

图 4-39 蓝色小汽车的代码 -1

图 4-40 蓝色小汽车 图 4-41 蓝色小汽车的代码 -3
的代码 -2 （此图嵌入图 4-40 中）

4.运行程序

当执行如图 4-39 ～图 4-41 所示的代码时，蓝色小汽车先向着舞台右侧移动 100 步，然后再向着舞台上方移动 100 步，然后朝着舞台左侧移动 100 步，最后朝着舞台下方移动 100 步。如果在移动的过程中碰到黄色小汽车就改变方向，即朝着"当前方向乘以 -5"的方向移动。

该指令如图 4-42 所示。

图 4-42 面向……（鼠标指针）

4.9.1 指令解析

系统默认的是面向鼠标指针，当单击指令右侧白色箭头，其指令如图 4-43 所示。此时，系统新建了两个角色"蓝色小汽车"和"黄色小汽车"。

图 4-43 面向……（角色黄色小汽车）

除本角色（蓝色小汽车）外，系统中还有一个角色"黄色小汽车"，如果系统中还有其他角色，那么在如图 4-43 所示的菜单中都会出现，你可以根据程序的需要选择即可。

4.9.2 举例

执行如图 4-44 所示的代码，角色蓝色小汽车面向鼠标指针而移动，即鼠标指针在哪里，蓝色小汽车就朝着鼠标指针位置方向移动。

图 4-44 蓝色小汽车面向鼠标指针移动

4.9.3 综合实例

该实例的名称是"多彩魔幻轮"。

1.新建一个"项目"

打开 Scratch3.0 系统，单击主界面左上方"文件"菜单，在弹出的菜单中单击"新建项目"选项，此时是程序系统默认的界面，系统中默认的角色是一个猫咪，角色名称是"角色 1"，将该角色删除。单击主界面左上方"文件"菜单，在弹出的菜单中单击"保存到电脑"选项，选择文件保存到电脑中的路径，给该项目命名为"多彩魔幻轮"。

2. 新建一个角色"小汽车"

单击主界面右下方"新建角色"按钮，在弹出的菜单中单击"上传角色"，将如图4-16所示的角色"魔幻轮"上传。

3. 编写代码

按照图4-45所示，将需要的指令拖动到代码区。

图 4-45　魔幻轮代码

4. 运行程序

执行如图4-45所示的代码后，当按下鼠标时，魔幻轮就会在鼠标指针位置，利用指令"图章"复制一个魔幻轮。在程序的开始，先让魔幻轮隐藏并使用画笔指令"全部擦除"，这是因为在上一次执行程序时，舞台上会留下"图章"痕迹，所以在刚刚执行程序时，需要把上一次的痕迹"全部擦除"。使用外观指令"说……秒"，是提醒大家"单击鼠标"。

4.10　将 x 坐标增加……将 y 坐标增加……

该指令如图4-46所示。这是两条指令，左侧是"将 x 坐标增加……"，右侧是"将 y 坐标增加……"。因为它们的含义相同，我们把它们放在一起。

图 4-46　将 x（y）坐标增加……

4.10.1　指令解析

角色沿当前方向，在现在位置基础上，x（y）坐标增加一个设定值，可以是正数和负数。

4.10.2　举例

新建一个角色"魔幻轮"，当执行如图4-47所示的代码时，角色先移到舞台中央位置，然后重复执行 3 次"将 x 坐标增加

图 4-47　魔幻轮的代码

30 和将 y 坐标增加 30",即最终结果是角色的坐标值是 x=90 和 y=90。

4.10.3 综合实例

该实例的名称是"小汽车"。

1. 新建一个"项目"

打开 Scratch3.0 系统,单击主界面左上方"文件"菜单,在弹出的菜单中单击"新建项目"选项,此时是程序系统默认的界面,系统中默认的角色是一个猫咪,角色名称是"角色 1",将该角色删除。单击主界面左上方"文件"菜单,在弹出的菜单中单击"保存到电脑"选项,选择文件保存到电脑中的路径,给该项目命名为"小汽车"。

2. 新建一个角色"小汽车"

单击主界面右下方"新建角色"按钮,在弹出的菜单中单击"上传角色",将如图 4-6 所示的角色"小汽车"上传。

3. 编写代码

按照图 4-48 所示,将需要的指令拖动到代码区。

图 4-48　小汽车的代码

4. 运行程序

执行如图 4-48 所示的代码后,小汽车先移到舞台中央,然后执行"重复执行"指令,面向 45 度方向逐步增加 x 坐标和 y 坐标的值,最终小汽车是要碰到舞台边缘的,如果碰到舞台边缘,则程序停止执行。

4.11　将 x 坐标设为……将 y 坐标设为……

该指令如图 4-49 所示。这是两条指令,左侧是"将 x 坐标设为……",右侧是"将 y 坐标设为……"。因为它们的含义相同,我们把它们放在一起。

图 4-49　将 x（y）坐标设为……

4.11.1　指令解析

执行该指令,将角色的坐标 x（y）设为 180（-50）。执行如图 4-50 所示的代码,等价于执行如图 4-51 所示的代码。

图 4-50　角色坐标设定 -1

图 4-51　角色坐标设定 -2

4.11.2 举例

新建角色"小汽车",执行如图 4-52 所示的代码:小汽车先移到 x=180 和 y=-50;沿着当前方向移动 30 步;向左转 15 度;将 y 坐标设为 0;将 x 坐标设为 -120。

图 4-52 小汽车的代码

4.11.3 综合实例

该实例的名称是"逻辑或演示"。

1. 新建一个"项目"

打开 Scratch3.0 系统,单击主界面左上方"文件"菜单,在弹出的菜单中单击"新建项目"选项,此时是程序系统默认的界面,系统中默认的角色是一个猫咪,角色名称是"角色 1",将该角色删除。单击主界面左上方"文件"菜单,在弹出的菜单中单击"保存到电脑"选项,选择文件保存到电脑中的路径,给该项目命名为"逻辑或演示"。

2. 新建一个角色"小汽车"

单击主界面右下方"新建角色"按钮,在弹出的菜单中单击"选择一个角色",从系统角色中选择 ball。

3. 编写代码

按照图 4-53 和图 4-54 所示,将需要的指令拖动到代码区。

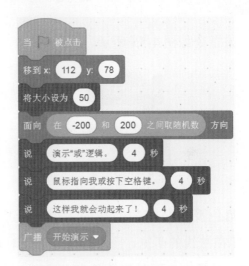

图 4-53 蓝色小球的代码 -1

图 4-54 蓝色小球的代码 -2

4. 运行程序

执行如图 4-53 和图 4-54 所示的代码，演示逻辑"或"指令。程序开始执行后，先用外观指令提示，当按下"空格键"或"按下鼠标"，小球就动起来了。

4.12 碰到边缘就反弹

该指令如图 4-55 所示。

图 4-55　碰到边缘就反弹

4.12.1　指令解析

角色反弹角度与光线的入射和反射相同，即在法线的两侧，且入射角等于反射角。反弹时角色面（面是指角色在角色区的右侧一面）向反射方向，法线垂直于反射平面。参见图 4-56 所示。

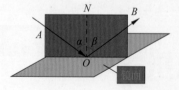

图 4-56　光线的反射

4.12.2　举例

新建角色"红色小汽车"，其代码如图 4-57 所示。

图 4-57　红色小汽车的代码

4.12.3　综合实例

该实例的名称是"我是警车驾驶员"。

1. 新建一个"项目"

打开 Scratch3.0 系统，单击主界面左上方"文件"菜单，在弹出的菜单中单击"新建项目"选项，此时是程序系统默认的界面，系统中默认的角色是一个猫咪，角色名称是"角色 1"，将该角色删除。单击主界面左上方"文件"菜单，在弹出的菜单中单击"保存到电脑"选项，选择文件保存到电脑中的路径，给该项目命名为"我是警车驾驶员"。

2. 新建一个角色"小汽车"

单击主界面右下方"新建角色"按钮，在弹出的菜单中单击"上传角色"，将如图 4-6 所示的角色"小汽车"上传。

3. 编写代码

按照图 4-58 和图 4-59 所示，将需要的指令拖动到代码区。

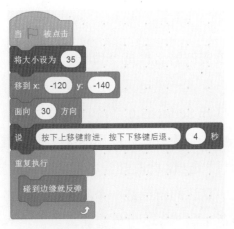

图 4-58　黄色小汽车代码 -1

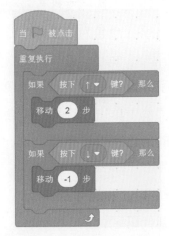

图 4-59　黄色小汽车代码 -2

4. 运行程序

单击主界面上方的"小绿旗"运行程序，操控键盘上的"上移键"前进，操控键盘上的"下移键"后退。碰到边缘就反弹。

4.13　将旋转方式设为……

该指令如图 4-60 所示。

图 4-60　将旋转方式设为……

4.13.1　指令解析

系统默认的是左右翻转，当单击指令右侧白色箭头时，出现下拉菜单，其指令如图 4-61 所示。很明显，旋转方式共有三种，即"左右翻转""不可旋转"和"任意旋转"。

图 4-61　将旋转方式设为……（显示下拉菜单）

4.13.2　举例

新建角色"猫咪"，从系统自带的角色库中选择 cat，该角色有两个造型，连续切换两个造型，就是一个猫咪走路的动画。系统默认猫咪的"面"（脸）是向舞台右侧的。所以猫咪先向着舞台右侧走动（移动）。

（1）左右翻转。

执行如图 4-62 所示的代码，当猫咪移动到舞台右侧边缘时，猫咪的脸会向着舞台左侧继续移动。

图 4-62　角色猫咪左右翻转

（2）不可旋转。

执行如图 4-63 所示的代码，当猫咪移动到舞台右侧边缘时，猫咪的脸仍然向着舞台右侧继续移动，相当于猫咪在倒退。

图 4-63　角色猫咪不可旋转

（3）任意旋转。

执行如图 4-64 所示的代码，当猫咪移动到舞台右侧边缘时，猫咪的头会向下继续移动，相当于猫咪在倒立着向着舞台左侧移动。

图 4-64　角色猫咪任意旋转

4.13.3　综合实例

该实例的名称是"猫咪学走路"。

1. 新建一个"项目"

打开 Scratch3.0 系统，单击主界面左上方"文件"菜单，在弹出的菜单中单击"新建项目"选项，此时是程序系统默认的界面，系统中默认的角色是一个猫咪，角色名称是"角色 1"，将该角色删除。单击主界面左上方"文件"菜单，在弹出的菜单中单击"保存到电脑"选项，选择文件保存到电脑中的路径，给该项目命名为"猫咪学走路"。

2. 新建一个角色"小汽车"

单击主界面右下方"新建角色"按钮，在弹出的菜单中单击"选择一个角色"，从系统自带的角色库中选择角色 cat。

3. 编写代码

按照图 4-65 和图 4-66 所示，将需要的指令拖动到代码区。

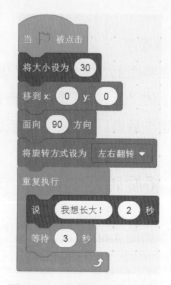

图 4-65　猫咪学走路代码 -1

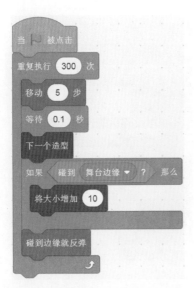

图 4-66 猫咪学走路代码 -2

4. 运行程序

单击主界面上方的"小绿旗"运行程序，猫咪在舞台中央，先向舞台右侧走路，碰到边缘，转身向舞台左侧走路。当碰到舞台边缘，猫咪会变大一点。

4.14 x 坐标、y 坐标和方向

该指令如图 4-67 所示。图中是三条指令，左侧的是"x 坐标"，中间的是"y 坐标"，右侧的是"方向"。因为它们的使用方法相同，把它们放在一起说明。

图 4-67 x 坐标、y 坐标和方向

4.14.1 指令解析

1. x 坐标

表示当前角色的 x 坐标值。当在此指令

（系统主界面左侧的指令库中）的左侧"勾选"，角色的 x 坐标会出现在舞台上，既可以让大家看到，也可以在调试程序时参考。指令勾选方法如图 4-68 所示。

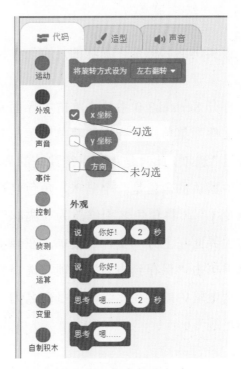

图 4-68 指令勾选方法

2. y 坐标

表示当前角色的 y 坐标值。当在此指令（系统主界面左侧的指令库中）的左侧"勾选"时，角色的 y 坐标会出现在舞台上，既可以让大家看到，也可以在调试程序时参考。

3. 方向

表示当前角色的方向值。当在此指令（系统主界面左侧的指令库中）的左侧"勾选"，角色的角度会出现在舞台上，既可以让大家看到，也可以在调试程序时参考。

4.14.2 参数设定方法

这三条指令没有参数。但可以嵌入"椭圆形"的其他指令中,作为参数使用。

4.14.3 综合实例

该实例的名称是"猫咪的足迹"。

1. 新建一个"项目"

打开 Scratch3.0 系统,单击主界面左上方"文件"菜单,在弹出的菜单中单击"新建项目"选项,此时是程序系统默认的界面,系统中默认的角色是一个猫咪,角色名称是"角色1",将角色名称修改为"猫咪"。单击主界面左上方"文件"菜单,在弹出的菜单中单击"保存到电脑"选项,选择文件保存到电脑中的路径,给该项目命名为"猫咪的足迹"。

2. 新建一个角色"猫咪"

同上。

3. 编写代码

按照图4-69~图4-71所示,将需要的指令拖动到代码区。

图 4-69　猫咪的代码 -1

图 4-70　猫咪的代码 -2(此图嵌入图 4-69 中)

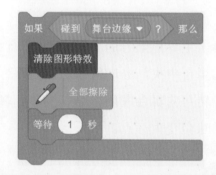

图 4-71　猫咪的代码 -3(此图接图 4-70)

4. 运行程序

单击主界面上方的"小绿旗"运行程序,猫咪先向舞台右侧走,画笔的粗细随角色的"方向"值变化,而角色的颜色特效随角色的 x 坐标值变化。

第 5 章　外观类指令详解

外观类指令共有20条，如图5-1和图5-2所示。

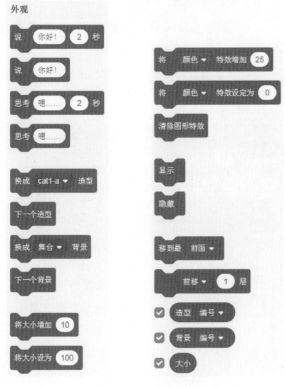

图 5-1　外观类指令 -1　　图 5-2　外观类指令 -2

5.1　说…… ……秒

该指令如图 5-3 所示。

图 5-3　说…… ……秒

5.1.1　指令解析

"你好！"是"说"的内容，可以编辑修改，这里的"说"不发出声音，其内容显示在舞台角色的旁边，显示时间可以设定。该指令执行结束后，才可以执行此指令的下一条指令。

5.1.2　参数设定方法

单击积木中的白框，白框中的颜色变成了蓝色（截图时变成了灰色），此时从键盘上输入数值设置的内容即可。这里，设置说的内容是"我爱Scratch!"，说的时间是6秒，见图 5-4 和图 5-5 所示。单击白框改变颜色后，也可以按键盘上的"删除键"将原来的内容清除，然后再输入需要设置的内容。下同，不再赘述。

图 5-4　指令参数设置 -1

图 5-5　指令参数设置 -2

5.1.3　举例

新建一个角色"猫咪"，若执行如

图 5-6 所示的指令，猫咪在舞台上说"我爱 Scratch!"2 秒，然后向右旋转 180 度。该程序执行结束后，猫咪向右旋转了 360 度。见图 5-7 所示。

图 5-6　猫咪喜爱 Scratch

图 5-7　程序执行后舞台上显示的效果

5.1.4　综合实例

该实例的名称是"我想长大"。

1. 新建一个"项目"

打开 Scratch3.0 系统，单击主界面左上方"文件"菜单，在弹出的菜单中单击"新建项目"选项，此时是程序系统默认的界面，系统中默认的角色是一个猫咪，角色名称是"角色 1"，将该角色名称修改为"猫咪"。单击主界面左上方"文件"菜单，在弹出的

菜单中单击"保存到电脑"选项，选择文件保存到电脑中的路径，给该项目命名为"我想长大"。

2. 说明

系统自带的角色"猫咪"，有两个造型，连续播放可以简单模拟猫咪走路。另外，系统默认的声音是"喵"，即猫咪的叫声。

3. 编写代码

按照图 5-8 ～图 5-10 所示，将需要的指令拖动到代码区。

图 5-8　角色猫咪的代码 -1

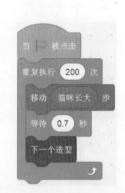

图 5-9　角色猫咪的代码 -2

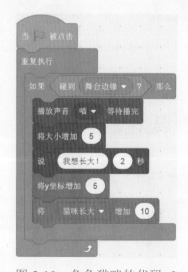

图 5-10　角色猫咪的代码 -3

4. 运行程序

单击主界面上方的"小绿旗"运行程序，猫咪在舞台上从左到右、从右到左来回走动，猫咪碰到边缘一次就会长大一点。

5.2 说……

该指令如图 5-11 所示。

图 5-11 说……

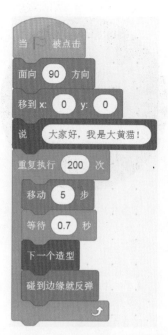

图 5-12 角色猫咪在舞台上左右来回走

5.2.1 指令解析

"你好！"是"说"的内容，可以修改编辑，这里的"说"不发出声音，其内容显示在舞台上角色的旁边，时间为长久显示，这与指令 5.1 节有所不同。另外，与指令 5.1 节不同的是，该指令执行时，同时执行此指令的下一条指令。而指令 5.1 节是本指令执行结束后，才可以执行下一条指令。

5.2.2 举例

新建一个角色"猫咪"，若执行如图 5-12 所示的指令，猫咪在舞台上沿着左右方向来回走。说"大家好，我是大黄猫！"，字样一直显示在猫咪身旁。

5.2.3 综合实例

该实例的名称是"越来越快"。

1. 新建一个"项目"

打开 Scratch3.0 系统，单击主界面左上方"文件"菜单，在弹出的菜单中单击"新建项目"选项，此时是程序系统默认的界面，系统中默认的角色是一个猫咪，角色名称是"角色 1"，将该角色删除。单击主界面左上方"文件"菜单，在弹出的菜单中单击"保存到电脑"选项，选择文件保存到电脑中的路径，给该项目命名为"越来越快"。

2. 新建一个角色"魔幻轮"

单击主界面右下方"新建角色"按钮，在弹出的菜单中单击"上传角色"，将如图 5-13 所示的角色"魔幻轮"上传。

3. 编写代码

按照图 5-14 所示，将需要的指令拖动到代码区。

图 5-13　角色魔幻轮

图 5-14　角色魔幻轮的代码

4. 运行程序

当执行如图 5-14 所示的代码时，魔幻轮旋转速度越来越快，当旋转速度大于某个值（本实例设定值为100）时，程序停止执行，角色"魔幻轮"旁边一直显示"加油，越来越快啊！"。

5.3　思考……秒

该指令的使用方法和实际效果等与指令5.1 节相同，如图 5-15 所示。但给人的感觉

不同，人的说和思考的状态是完全不同的，这在创作作品时应该注意。

图 5-15　思考……秒

5.4　思考……

该指令的使用方法和实际效果等与指令5.2 节相同，如图 5-16 所示。

图 5-16　思考……

5.5　换成……造型

该指令如图 5-17 所示。

图 5-17　换成……造型

5.5.1　指令解析

一个角色可能有一个或多个造型，如果只有一个造型，那么角色本身就是它的造型。如果有多个造型，那么可以根据需要来切换这些造型。切换这些造型有两个方法，一个是使用"换成……造型"，另一个是使用"下一个造型"指令。例如，一个角色猫咪的运动状态可能有多个姿态造型，如图 5-18 所示。可以看出，建立了角色猫咪，又对其建

立了 8 个造型。按照一定时间间隔切换猫咪的不同造型，看上去猫咪在走路，其实这就是"动画"原理。很显然，造型越多，看上去的动作就越逼真。

图 5-18　猫咪的 8 个造型

5.5.2　参数设定方法

单击该指令右侧的白色向下箭头，从中选择即可。

5.5.3　举例

新建角色 ball，该角色有 5 个造型，分别是黄色的 ball-a、蓝色的 ball-b、红色的 ball-c、绿色的 ball-d 和紫色的 ball-e。执行如图 5-19 ～图 5-23 所示的代码，操控键盘上相应的键，可以展示对应的不同颜色的小球。

图 5-19　五彩缤纷的小球 -1

图 5-20　五彩缤纷的小球 -2

图 5-21　五彩缤纷的小球 -3

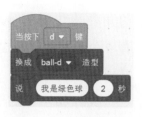

图 5-22　五彩缤纷的小球 -4

图 5-23　五彩缤纷的小球 -5

5.6　下一个造型

该指令如图 5-24 所示。

图 5-24　下一个造型

5.6.1　指令解析

该指令是将角色的造型库中的若干造型按照编号顺序换成当前造型的下一个造型。例如，如果一个角色有 6 个造型，当前造型是第 3 个，如果执行指令"下一个造型"，那么当前造型将变为第 4 个造型。如果当前造型是最后一个，即第 6 个造型，那么执行该指令，当前造型将变为第 1 个造型，即循环。

5.6.2　举例

新建一个角色"阿姨"，从系统自带

的角色库中选择 avery walking，该角色共有 4 个走路的"造型"，将角色名称修改为"阿姨"。

执行如图 5-25 所示的代码，阿姨正在晨练，从舞台的左侧走向右侧，当到达右侧时，又从左侧开始向右侧走路，我们使用了外观指令"下一个造型"，角色阿姨的 4 个造型就会不断切换，阿姨就走起来了。如果设计若干背景并切换和移动背景，那么阿姨就好像是在走路晨练。

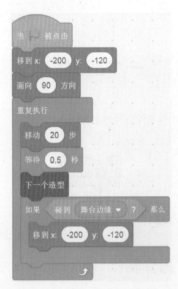

图 5-25　阿姨走路晨练

5.6.3　综合实例

该实例的名称是"蝴蝶飞啊飞"。

1. 新建一个"项目"

打开 Scratch3.0 系统，单击主界面左上方"文件"菜单，在弹出的菜单中单击"新建项目"选项，此时是程序系统默认的界面，系统中默认的角色是一个猫咪，角色名称是"角色 1"，将该角色删除。单击主界面左

上方"文件"菜单，在弹出的菜单中单击"保存到电脑"选项，选择文件保存到电脑中的路径，给该项目命名为"蝴蝶飞啊飞"。

2. 新建一个角色"蝴蝶"

（1）新建一个角色"蝴蝶"，从系统自带的角色库中选择角色 butterfly 2，该角色有两个造型，连续切换，可以模拟蝴蝶飞的样子，将角色名称修改为"蝴蝶"。

（2）新建一个角色"草"，将如图 5-26 所示的角色"草"上传。可以设计更多类似的角色，如树、花圃和草丛等，在此省略。

图 5-26　草

3. 编写代码

按照图 5-27 ～图 5-30 所示，将需要的指令拖动到代码区。

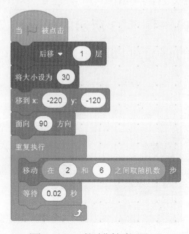

图 5-27　蝴蝶的代码 -1

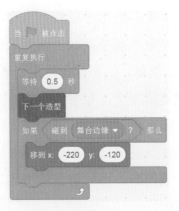

图 5-28　蝴蝶的代码 -2

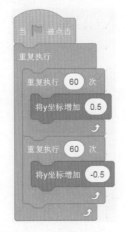

图 5-29　蝴蝶的代码 -3

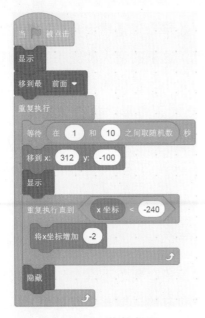

图 5-30　草的代码

4. 运行程序

单击系统主界面上方的"小绿旗"，执行程序。程序执行后，草从舞台右侧向左移动，而蝴蝶从舞台左侧向右飞，二者方向相反。程序执行的效果是，蝴蝶在草丛中从左向右、从上到下（上下幅度不能太大）、自由自在地飞。如果设计若干幅背景并切换背景，就会更加逼真。

5.7　换成……背景

该指令如图 5-31 所示。

图 5-31　换成……背景

5.7.1　指令解析

如果背景库中有 6 幅背景图片，那么单击图 5-31 中的白色向下箭头，出现如图 5-32 所示的下拉菜单。菜单中会出现 6 幅背景的名称，另外还有三个系统默认的选项，即"上一个背景""下一个背景"和"随机背景"。

图 5-32　指令的下拉菜单展示

可以根据作品需要具体选择某一个背景。"上一个背景"和"下一个背景"是相对于当前背景排序位置的,例如当前背景是"背景-4",如果执行指令"换成上一个背景",则当前背景变为"背景-3"。随机背景是不确定的,系统随机指定。

5.7.2 参数设定方法

单击指令右侧的白色向下箭头,单击选择即可。

5.7.3 举例

新建6幅背景,执行如图5-33所示的指令,6幅背景图片或间歇轮播。先将背景设定为"背景-1",然后顺序间歇切换到"下一个背景"。

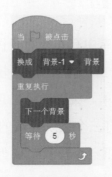

图5-33 背景图片的切换

5.8 下一个背景

该指令如图5-34所示。

图5-34 下一个背景

指令解析:该指令是将背景库中的若干背景,按照编号顺序换成当前背景的"下一个背景"。例如,如果背景库中有6个背景,当前背景是第3个,如果执行指令"下一个背景",那么当前背景将变为第4个背景。如果当前背景是最后一个,即第6个背景,那么执行该指令,当前背景将变为第1个背景,即循环。

5.9 将大小增加……

该指令如图5-35所示。

图5-35 将大小增加……

5.9.1 指令解析

在当前角色大小的基础上,将角色的大小增加或减小×××%,其值×××可以设定。数字为正是增大角色,数字为负是减小角色。这里的增大和减小的比例是以角色原来的大小为基础的。例如,角色的大小为50×50的正方形,执行该指令"将大小减小20",那么角色大小就变为40×40,如果连续执行两次,那么角色大小就变为30×30。

5.9.2 举例

新建角色"紫色小汽车",如果在角色区车头是向右的(即车头就是面),当执行如图 5-36 所示的代码时，车头先朝舞台的上方移动 60 步，然后车头朝向 30 度方向移动 60 步，最后车头朝 -30 度方向移动 60 步。

图 5-36　变大的猫咪

请注意： 程序具有记忆性，在如图 5-37 所示的猫咪的代码中，角色猫咪的大小是在执行了图 5-36 所示的代码基础上的，即此时的猫咪已经增大了 100%，并不是角色原来的大小。因为图 5-37 中，并没有对角色的大小再次设定。如果希望角色的大小是原来的大小，需要使用指令"将大小设为 100%"。

图 5-37　变色的猫咪

5.9.3　综合实例

该实例的名称是"吸烟危害心脏"。

1. 新建一个"项目"

打开 Scratch3.0 系统，单击主界面左上方"文件"菜单，在弹出的菜单中单击"新建项目"选项，此时是程序系统默认的界面，系统中默认的角色是一个猫咪，角色名称是"角色 1"，将该角色删除。单击主界面左上方"文件"菜单，在弹出的菜单中单击"保存到电脑"选项，选择文件保存到电脑中的路径，给该项目命名为"吸烟危害心脏"。

2. 新建一个角色"心脏"

设计一个角色"心脏"，单击主界面右下方"新建角色"按钮，在弹出的菜单中单击"上传角色"，将如图 5-38 所示的心脏上传。再为心脏设计 4 个造型，单击主界面左上方"造型"选项，鼠标指向左下方"新建造型"选项，在弹出的菜单中单击"上传造型"，将如图 5-39～图 5-42 所示的造型上传。

图 5-38　心脏

图 5-39　心脏造型 -1

图 5-40　心脏造型 -2

图 5-41　心脏造型 -3

图 5-42 心脏造型 -4

3. 新建背景

设计一个有关"吸烟有害健康"的背景，如图 5-43 所示，单击主界面右侧"背景"，再单击主界面左上方"背景"，鼠标指向左下方"新建背景"选项，在弹出的菜单中单击"上传背景"，将图 5-43 上传。

图 5-43 背景

4. 编写代码

按照图 5-44 和图 5-45 所示，将需要的指令拖动到代码区。

5. 运行程序

执行程序后，由于吸烟使其心脏的状态有所变化，并伴随着咳嗽，强化了吸烟有害健康的效果。

图 5-44 心脏的代码 -1

图 5-45 心脏的代码 -2

5.10 将大小设为……

该指令如图 5-46 所示。

图 5-46 将大小设为……

5.10.1 指令解析

系统默认的参数是 100，即将角色的大小设定为角色原来大小的 100%，即与角色原来大小相同。参数值越大，角色越大。参数如果是 0 或负数，角色为最小值。

请注意，角色的最小单位是 2 像素（一个舞台单位等于 2 个像素），小于此值，没有意义。

5.10.2 举例

新建角色"苹果"，从系统自带的角色库中选择 apple，编写如图 5-47 所示的代码，先将角色的位置设定在舞台的中央，将角色的大小设定为原来的大小，即 100%。然后执行 10 次循环将角色放大到原来大小的 200%，即 1 倍；然后再执行 10 次循环将角色大小缩小到原来的大小，即 100%。

图 5-47　苹果变大又变小

5.11　将……特效增加……

该指令如图 5-48 所示。

图 5-48　将……特效增加……

5.11.1 指令解析

单击指令向下的白色箭头，出现如图 5-49 所示的菜单。

图 5-49　指令菜单选项

这里的"将……特效增加……"是将某个"角色"或"背景"的颜色改变了，如果其值为 0，那么就是角色或背景原来的颜色。另外，这里的"增加"是在原来的基础上又增加了特效。在计算机中，包括"颜色"在内的所有参数都是用"数字"表示的。新建一个角色"红苹果"，从系统自带的角色库中选择 apple，将角色名称修改为"红苹果"，读者可以执行如图 5-50 所示的程序，体会一下。

图 5-50　红苹果颜色特效逐步增加演示

5.11.2　综合实例

该实例的名称是"小猪佩奇跳蹦床"。

1. 新建一个"项目"

打开 Scratch3.0 系统，单击主界面左上方"文件"菜单，在弹出的菜单中单击"新建项目"，此时是程序系统默认的界面，系统中默认的角色是一个猫咪，角色名称是"角色1"，将该角色删除。单击主界面左上方"文件"菜单，在弹出的菜单中单击"保存到电脑"选项，选择文件保存到电脑中的路径，给该项目命名为"小猪佩奇跳蹦床"。

2. 新建两个角色"小猪佩奇"和"蹦床"

新建一个角色"小猪佩奇"，将如图 5-51 所示的角色"小猪佩奇"上传。再设计一个角色"蹦床"，将如图 5-52 所示的角色"蹦床"上传。

图 5-51　小猪佩奇

图 5-52　蹦床

3. 编写代码和运行程序效果

程序执行前的舞台效果如图 5-53 所示。

图 5-53　程序执行前的舞台效果

1）当选项为"颜色"时

执行如图 5-54 所示的代码，舞台的效果如图 5-55 所示。

图 5-54　演示代码 -1

图 5-55　选项是"颜色"时角色的效果

2）当选项为"鱼眼"时

执行如图 5-56 所示的代码，舞台的效果如图 5-57 所示。

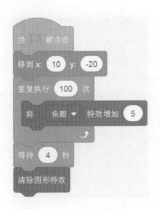

图 5-56　演示代码 -2

图 5-57　选项是"鱼眼"时角色的效果

3）当选项为"旋涡"时

执行如图 5-58 所示的代码，舞台的效

果如图 5-59 所示。

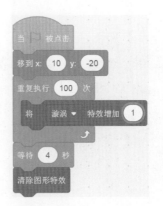

图 5-58　演示代码 -3

图 5-59　选项是"旋涡"时角色的效果

4）当选项为"像素化"时

执行如图 5-60 所示的代码，舞台的效果如图 5-61 所示。

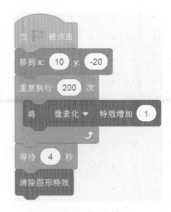

图 5-60　演示代码 -4

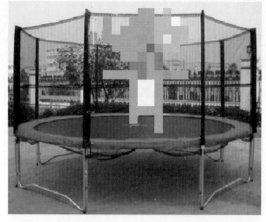

图 5-61　选项是"像素化"时角色的效果

5）当选项为"马赛克"时

执行如图 5-62 所示的代码，舞台的效果如图 5-63 所示。

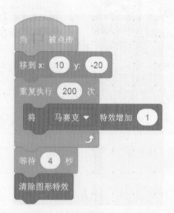

图 5-62　演示代码 -5

图 5-63　选项是"马赛克"时角色的效果

6）当选项为"亮度"时

执行如图 5-64 所示的代码，舞台的效果如图 5-65 所示。

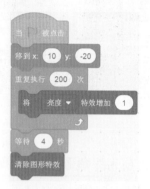

图 5-64　演示代码 -6

图 5-65　选项是"亮度"时角色的效果

7）当选项为"虚像"时

执行如图 5-66 所示的代码，舞台的效果如图 5-67 所示。

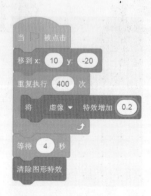

图 5-66　演示代码 -7

图 5-67 选项是"虚像"时角色的效果

8）当蹦床的选项为"鱼眼"时

执行如图 5-68 所示的代码（蹦床的代码），舞台的效果如图 5-69 所示。

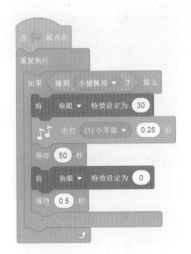

图 5-68 演示代码 -8

图 5-69 蹦床的"鱼眼"效果

4. 完整程序

再为该实例设计一幅背景，如图 5-70 所示。这里的图片是从网络上下载的，在实际编程时，我们用蹦床遮盖住图中的卡通造型，这样感觉有很多人正在高兴地看小猪佩奇蹦床。

图 5-70 背景

综合实例"小猪佩奇跳蹦床"的完整代码，如图 5-71 ～图 5-78 所示。该实例实现了小猪佩奇跳蹦床，

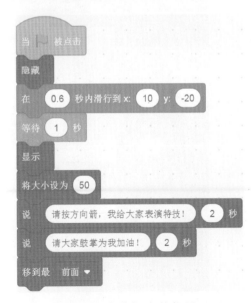

图 5-71 小猪佩奇的代码 -1

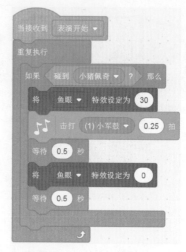

图 5-77　蹦床的代码

图 5-72　小猪佩奇的代码-2（此图接图 5-71）

图 5-78　背景的代码

图 5-73　小猪佩奇的
代码-3

图 5-74　小猪佩奇的
代码-4

5.12　将……特效设定为……

该指令如图 5-79 所示。

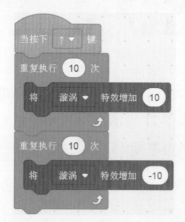

图 5-75　小猪佩奇的代码-5

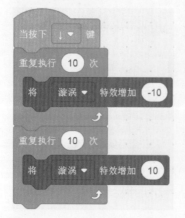

图 5-76　小猪佩奇的代码-6

图 5-79　将……特效设定为……

5.12.1 指令解析

在图 5-79 中是系统默认的状态，单击指令白色向下箭头，从出现的下拉菜单可以看出，与指令 5.11 节是一样的。指令 5.11 节是"将……特效增加……"，本指令是"将……特效设定为……"，其含义完全不同。

5.12.2 参数设定方法

单击指令白色向下箭头，在出现的下拉菜单中根据程序需要选择某种特效，并设定参数即可。七种特效中，如果其参数为"0"，那么表示图形（角色或背景）的颜色是其本身的颜色。

注意：参数需要在程序调试时最终确定，因为某种特效和其参数我们并不能准确知道程序执行后的效果，所以在程序运行调试时，需要多"试一试"。

5.13 清除图形特效

该指令如图 5-80 所示。

图 5-80 清除图形特效

5.13.1 指令解析

在对角色或背景使用了颜色特效指令后，该指令用于对角色或背景的特效进行清除，即还原角色或背景本来的图形。

5.13.2 举例

新建角色"红苹果"，从系统自带的角色库中选择角色 apple，其外观颜色是红色的，将角色名称修改为"红苹果"。当执行如图 5-81 所示的代码后，苹果的颜色由红（参数为 0）变为黄（参数为 30），再由黄变为绿（参数为 50），再由绿变为红（清楚图形特效）。

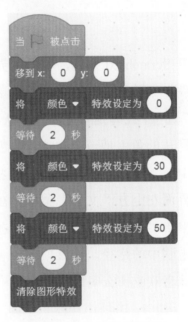

图 5-81 红苹果的代码

5.14 显示和隐藏

显示和隐藏指令经常成对出现，我们将这两条指令放在一张图中。该指令如图 5-82 所示。

图 5-82 显示和隐藏

5.14.1 指令解析

该指令用于角色是否显示在舞台上。"显示"指令用于角色显示在舞台上，"隐藏"指令用于角色不显示在舞台上，隐藏不代表角色不存在，而是存在的角色不显示。

5.14.2 综合实例

该实例的名称是"你知道猫咪喜欢吃什么吗？"。

1. 新建一个"项目"

打开 Scratch3.0 系统，单击主界面左上方"文件"菜单，在弹出的菜单中单击"新建项目"选项，此时是程序系统默认的界面。系统中默认的角色是一个猫咪，角色名称是"角色1"，将该角色名称修改为"猫咪"。单击主界面左上方"文件"菜单，在弹出的菜单中单击"保存到电脑"选项，选择文件保存到电脑中的路径，给该项目命名为"你知道猫咪喜欢吃什么吗？"。

2. 新建一个角色"食物"

单击主界面右下方"新建角色"按钮，在弹出的菜单中单击"选择一个角色"选项，从系统自带的角色库中选择角色 fruit platter（水果拼盘）。在单击主界面左上方"造型"按钮，鼠标指针指向左下方"新建造型"按钮，在弹出的菜单中单击"选择一个造型"选项，我们从系统中选择bananas（香蕉）、ball-c（红色小球）和 dinosaur1-a（绿色恐龙）。此时，角色的造型库中有四个造型。

3. 新建一个背景"草坪"

单击主界面右侧下方"背景"，紧接着单击左上方"背景"，鼠标指针指向左下方"新建背景"选项，在弹出的菜单中单击"选择一个背景"，从系统自带的背景库中选择背景 playing field（户外运动场）。

4. 编写代码

按照图 5-83 ~ 图 5-87 所示，将需要的指令拖动到代码区。

图 5-83　食物的代码 -1

图 5-84　食物的代码 -2

图 5-85　猫咪的代码 -1

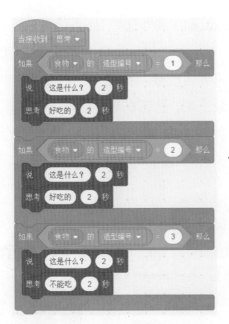

图 5-86　猫咪的代码 -2

图 5-87　猫咪的代码 -3

5.15　移到最······

该指令如图 5-88 所示，图中指令是从指令库中"拖出"的，单击指令右侧的白色向下箭头弹出的菜单选项。

图 5-88　移到最······

5.15.1　指令解析

如果有多个角色，某个角色执行指令"移到最前面"时，该角色就会移到多个角色的最前面。如果执行指令"移到最后面"，那么该角色就会移到多个角色的最后面。

5.15.2　参数设定方法

单击指令右侧的白色向下箭头，在弹出的菜单中选择即可。

5.15.3　举例

新建两个角色"食物"和"猫咪"，这两个角色都在舞台的中央，其中猫咪遮住了食物。如果执行如图 5-89 所示的代码，那么食物就会移到猫咪的前面，然后食物又移到了猫咪的后面，看不见了。

5. 运行程序

单击主界面上方的"小绿旗"运行程序，猫咪"淡入"出现在舞台上，提醒大家按下空格键。当按下空格键时，出现食物，猫咪说"这是什么？"并思考如下程序"好吃的""不能吃"和"啊，是恐龙，快跑吧！"。在该实例中，我们先将食物隐藏，当按下空格键时食物显示。

图 5-89 猫咪和食物哪个在前面

5.16 前移（后移）……层

显示和隐藏指令经常成对出现，我们将这两条指令放在一张图中。该指令如图 5-90 所示。

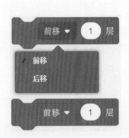

图 5-90 显示和隐藏

5.16.1 指令解析

该指令用于角色是否显示在舞台上。"显示"指令用于角色显示在舞台上，"隐藏"指令用于角色不显示在舞台上，隐藏不代表角色不存在，而是存在的角色不显示。

5.16.2 举例

新建三个角色"红苹果"（系统角色库名称：apple）、"按钮"（系统角色库名

称：button1）和"猫咪"（系统角色库名称：cat）。为看清楚三个角色的层次，我们将它们错开定位显示在舞台上。可以看出，猫咪在最上层，按钮在第 2 层，苹果在第 3 层。执行如图 5-91 所示的代码，舞台上会出现如图 5-92 ～图 5-94 的效果。

图 5-91 演示角色层次代码　图 5-92 层次效果 -1

图 5-93 层次效果 -2　　图 5-94 层次效果 -3

5.17 造型编号（名称）

该指令如图 5-95 所示，我们将两条指令放在一起，方便叙述。

图 5-95 造型编号（名称）

5.17.1　指令解析

在图 5-95 中，造型编号（名称）是从指令库中"拖出"的，单击指令右侧白色向下的箭头。在弹出的菜单中有两个造型选项，一个是造型的编号，另一个是造型的名称，它们均可从角色的造型库中查到。

5.17.2　参数设定方法

单击指令右侧白色向下的箭头，在弹出的菜单中选择即可。

5.17.3　举例

新建一个角色"彩色小球"（系统角色库名称：ball），该角色共有 5 个造型，将角色名称修改为"彩色小球"。单击系统主界面左上方的"造型"按钮，如图 5-96 所示，可以看出，角色彩色小球有 5 个造型，编号和名称相对应，ball-a 的编号是 1，ball-b 的编号是 2，ball-c 的编号是 3，ball-d 的编号是 4，ball-e 的编号是 5。

单击系统主界面上方的"声音"按钮，鼠标指向下方"新建声音"选项，在弹出的菜单中单击"选择一个声音"，从系统自带的声音库中选择声音文件"Xylo2"和"Xylo4"。执行如图 5-97 所示的代码，当程序判断为"造型编号 =2"和"造型编号 =4"时，分别播放"Xylo2"和"Xylo4"。

很显然，该指令不能独立存在，一般与运算指令和控制指令联合使用，可以认为该指令是一个"参数"。

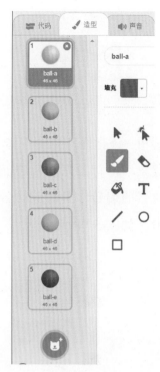

图 5-96　彩色小球的造型编号和名称

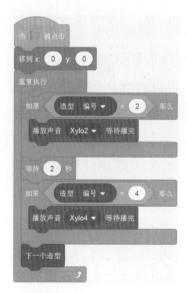

图 5-97　彩色小球的代码

5.18　背景编号（名称）

该指令如图 5-98 所示。

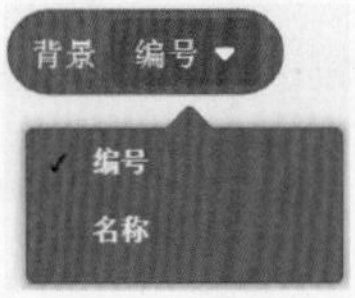

图 5-98　背景编号（名称）

指令解析：该指令与指令 5.17 节类似。如果新建背景后，背景库中有若干幅背景图片，那么背景的编号和其对应的名称会显示在背景库中，如图 5-99 所示。

图 5-99　背景库中背景的编号和名称

5.19　大小

该指令如图 5-100 所示。

图 5-100　大小（角色）

5.19.1　指令解析

这里的大小是指角色最大尺寸。例如，角色的大小为：宽 100 像素，高 50 像素的长方形，那么角色的大小指最大尺寸为 100 的宽。该指令实际上是一个参数，一般与运算指令和控制指令联合使用。

5.19.2　综合实例

新建角色"蓝色长方形"，宽 100 像素，高 50 像素，如图 5-101 所示。

图 5-101　蓝色长方形

执行如图 5-102 所示的代码，先将角色大小设定为原来的尺寸，然后将角色大小"增加"一个随机值，根据判断结果，播放不同的音乐。

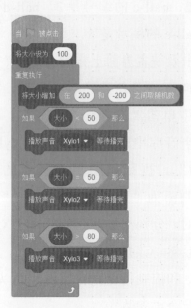

图 5-102　蓝色长方形的代码

声音类指令共有9条指令,如图6-1所示。

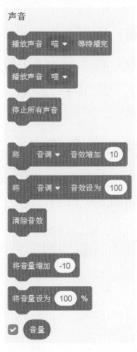

图 6-1　声音类指令

6.1 播放声音……等待播完

该指令如图 6-2 所示。

图 6-2　播放声音……等待播完

6.1.1　指令解析

当新建一个项目时,系统默认的角色是

"猫咪",角色名称是"角色 1",默认的声音文件是"喵",即猫叫的声音。执行该指令,播放"喵"的声音文件,直到播放结束,才执行该指令下面的指令。

6.1.2　参数设定方法

如果针对某个角色新建了若干声音文件,单击指令右侧的白色向下箭头,就会出现所有声音文件的菜单,从中选择即可。声音文件是某个角色(或背景)特有的,如果有多个角色,那么它们的声音文件是独立的,不是共有的。

6.1.3　综合实例

新建两个角色"猫咪"(系统角色名称是 cat)和"老鼠"(系统角色名称是 mouse1),若执行如图 6-3 ~ 图 6-5 所示的指令,老鼠移动到舞台的随机位置,猫咪从舞台中央向舞台右侧走,碰到边缘后再向左侧走,即猫咪在舞台上左右来回走。程序开始执行后,执行"播放声音 Xylo1",同时执行下面的指令说"大家好,我是老鼠啊",与等待播完是不同的。如果是指令"播放声音 Xylo1 等待播完",那么只有播完声音文件 Xylo1,才执行说"大家好,我是老鼠啊。"

图 6-3　猫咪的代码 -1

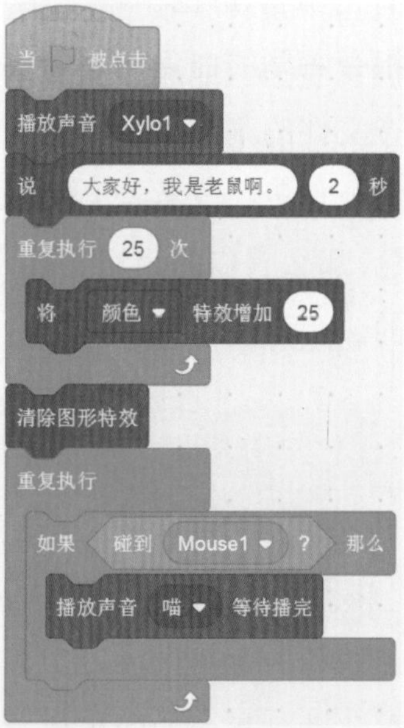

图 6-4　猫咪的代码 -2

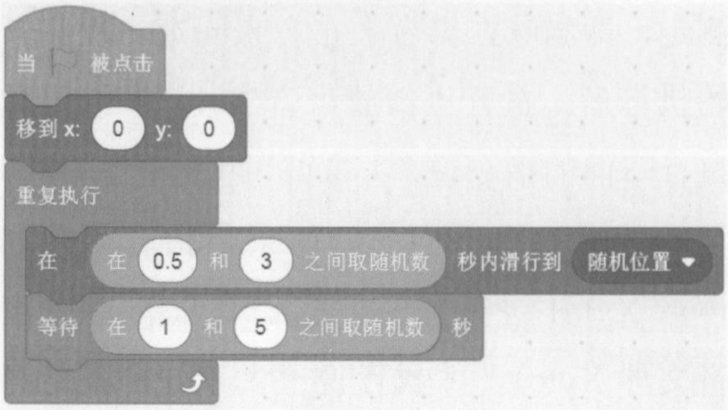

图 6-5　老鼠的代码 -3

6.2　播放声音……

该指令如图 6-6 所示。

图 6-6　播放声音……

指令解析：该指令执行后，可以立即执行下一条指令，而不同于 6.1 节需要播放完毕后才执行下一条指令。

6.3　停止所有声音

该指令如图 6-7 所示。

图 6-7　停止所有声音

6.3.1　指令解析

当执行到该指令时，停止该指令之前的角色和背景正在播放的全部声音。该指令之后执行的声音播放仍然有效。

6.3.2　举例

新建两个角色"猫咪"（系统角色名称是 cat）和"老鼠"（系统角色名称是 mouse1），若执行如图 6-8 ～图 6-10 所示的指令，由于角色猫咪在执行"播放声音 Xylo1"后面有"停止所有声音"，所以执行"播放声音 Xylo1"约 2 秒后就停止播放。但在"停止所有声音"之后，老鼠的代码"播

116

放声音 Xylo4"和背景的代码"播放声音喵"是有效的。

图 6-8　猫咪的代码

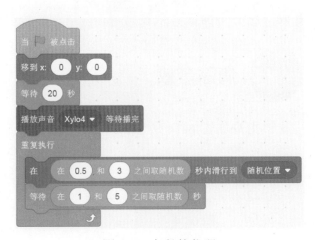

图 6-9　老鼠的代码

图 6-10　背景的代码

6.4　将音调（左右平衡）音效增加……

该指令如图 6-11 所示。

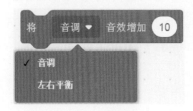

图 6-11　将音调（左右平衡）音效增加……

6.4.1　指令解析

该指令可以设定"音调"和"左右平衡"的效果。声音频率的高低叫做音调，其表示人的听觉分辨一个声音的调子高低程度。音调主要由声音的频率决定，同时与声音强度有关。对一定强度的纯音，音调随频率的升降而升降；对一定频率的纯音、低频纯音的音调随声强增加而下降，高频纯音的音调却随强度增加而上升。有的音乐声音有左右两个声道，左声道与右声道就是左边声音源与右边声音源，左右平衡可以调节。

双声道与立体声并不相同。立体声是指具有立体感的声音。它是一个几何概念，指在三维空间中占有位置的事物。因为声源有确定的空间位置，声音有确定的方向来源，人们的听觉有辨别声源方位的能力。特别是有多个声源同时发声时，人们可以凭听觉感知各个声源在空间的位置分布状况。从这个意义上讲，自然界所发出的一切声音都是立体声，如雷声、火车声、枪炮声、风声和雨声等。

当人们直接听到这些立体空间中的声音时，除了能感受到声音的响度、音调和音色外，还能感受到它们的方位和层次。这种人们直接听到的具有方位层次等空间分布特性的声音，称为立体声。

6.4.2　参数设定方法

单击指令右侧白色向下箭头，在弹出的菜单中选择即可。具体参数的设定方法同 6.1 节。

6.4.3　举例

请读者自己改变参数试听。代码如图 6-12 所示。

图 6-12　试听代码

6.5　将音调（左右平衡）音效设为……

该指令如图 6-13 所示。

图 6-13　将音调（左右平衡）音效设为……

指令解析：6.4 节的指令是"将音调（左右平衡）音效增加……"，而本指令是"将音调（左右平衡）音效设为……"。

6.6　清除音效

该指令如图 6-14 所示。

图 6-14　清除音效

6.6.1　指令解析

该指令是将执行该指令之前设定的所有音效清除，即音效为 0。

6.6.2　举例

请按照如图 6-15 所示的代码试听。

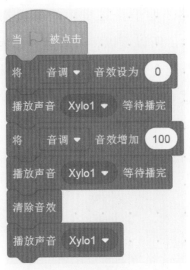

图 6-15　清除音效试听代码

人们为了对声音的感受量化成可以监测的指标，就把声压分成"级"——声压级，以便能客观地表示声音的强弱，其单位称为"分贝"（dB），约为人耳通常可觉察响度差别的最小值。

6.7.2　举例

针对某一个角色或背景编写如图 6-17 所示的代码，读者可以试听和比较。

图 6-17　音量试听代码

6.7　将音量设为……％和将音量增加……

这两条指令如图 6-16 所示。

图 6-16　将音量设为……％和将音量增加……

6.7.1　指令解析

声音文件的原始音量是 100%，如果设定为 0 或负数，就听不见了。将音量增加是在当前音量的基础上增加原始音量的百分比。

音量又称响度或音强，是指人耳对所听到的声音大小强弱的主观感受，其客观评价尺度是声音的振幅大小。这种感受源自物体振动时所产生的压力，即声压。物体振动通过不同的介质，将其振动能量传导出去。

6.8　音量

该指令如图 6-18 所示。

图 6-18　音量

6.8.1　指令解析

系统默认的参数是 100，即将角色的大小设定为角色原来大小的 100%，即与角色原来大小相同。参数值越大，角色越大。参数如果是 0 或负数，角色为最小值。

请注意，角色的最小单位是 2 像素（一个舞台单位等于 2 个像素），小于此值，没有意义。

6.8.2　举例

新建角色"猫咪"，执行如图 6-19 所示的代码，阅读程序代码可知，当"音量"大于 20 时，就停止全部代码的执行了，所以共播放两次声音文件"Xylo1"。

另外，由于计算机中的参数都是"数字"化的，所以可以将"音量"作为参数与其他指令配合使用。新建角色"猫咪"，读者可以试一试执行如图 6-20 和图 6-21 所示的代码。

图 6-20　猫咪留下的痕迹 -1

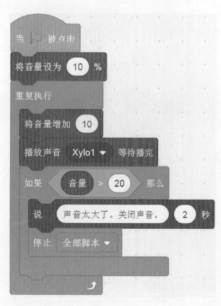

图 6-19　音量作为参数时的代码

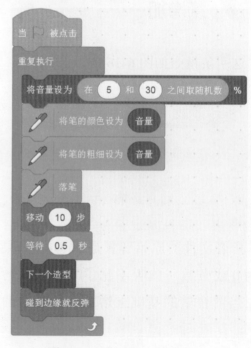

图 6-21　猫咪留下的痕迹 -2

第 7 章　事件类指令详解

事件类指令共 8 条，这里的事件指当 Scratch 程序系统发生了一个事件，该事件有 8 类，每一个事件具体详情由程序设计者决定。如图 7-1 所示。

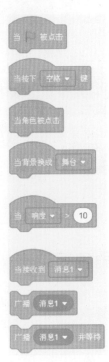

图 7-1　事件类指令

7.1　当"小绿旗"被单击

该指令如图 7-2 所示。

图 7-2　当"小绿旗"被单击

7.1.1　指令解析

该指令是所有程序执行的起始点，相当于计算机高级语言的程序执行入口。

7.1.2　举例

新建一个角色，从系统自带的角色库中选择 casey，将角色名称修改为"机器人"，其代码如图 7-3 所示。若单击主界面舞台上方的"小绿旗"，程序开始执行，机器人就会在舞台上左右旋转。当单击舞台上方的八边形的"红色"按钮，程序就会停止执行。

图 7-3　机器人的代码

7.2 当按下……键

该指令如图 7-4 所示。

图 7-4　当按下……键

7.2.1 指令解析

当按下键盘上的空格键、上移键、下移键、左移键、右移键、任意键、26 个英文字母键（不分大小写）以及 10 个数字 0～9 键会发生什么，由其下面的程序决定。

7.2.2 综合实例

实例名称是"鹦鹉学唱歌"。

1. 新建一个"项目"

打开 Scratch3.0 系统，单击主界面左上方"文件"菜单，在弹出的菜单中单击"新建项目"选项，此时是程序系统默认的界面，系统中默认的角色是一个猫咪，角色名称是"角色 1"，将该角色删除。单击主界面左上方"文件"菜单，在弹出的菜单中单击"保存到电脑"选项，选择文件保存到电脑中的路径，给该项目命名为"越来越快"。

2. 新建一个角色"鹦鹉"

单击主界面右下方"新建角色"按钮，在弹出的菜单中单击"选择一个角色"，从系统自带的角色库中选择 parrot，将角色名称修改为"鹦鹉"。

3. 编写代码

为节省篇幅，我们将鹦鹉的 8 段代码放在一起，如图 7-5 所示。读者可以试着按下对应的键，听一下。

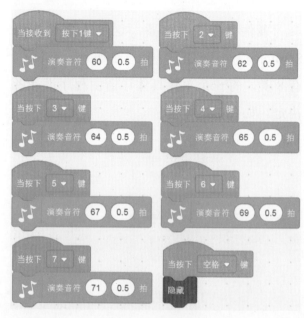

图 7-5　鹦鹉的代码

7.3 当角色被单击

该指令如图 7-6 所示。

图 7-6　当角色被点击

7.3.1 指令解析

当单击舞台上的角色时所发生的事件。

7.3.2 举例

新建一个角色"沙滩球"，从系统自带

的角色库中选择 beachball，将角色名称修改为"沙滩球"，其代码如图7-7所示。读者可以单击舞台上的角色"沙滩球"，看看会发生什么？

图7-7　沙滩球的代码

7.4　当背景换成……

该指令如图7-8所示。

图7-8　当背景换成……

7.4.1　指令解析

图7-8所示的指令是单击指令右侧的白色向下箭头后出现的菜单，可以看出，菜单中只有一个背景，其名称是"背景1"，这是新建一个"项目"时系统默认的，默认的背景是空白的，其名称是"背景1"，如同系统默认的角色猫咪的"角色1"。当我们根据作品的需要，新建了若干幅背景后，背景名称都会出现在菜单中。

7.4.2　举例

新建一个角色"猫咪"和若干幅背景，编写如图7-9所示的代码。读者试一试，单击舞台上方的"小绿旗"，看看程序实际运行效果。为节省篇幅，我们将猫咪的三段代码放在一张图中。

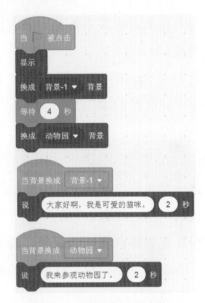

图7-9　猫咪参观动物园啦

7.5　当响度（计时器）大于……

该指令如图7-10所示。

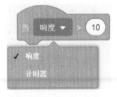

图7-10　当响度（计时器）大于……

7.5.1　指令解析

图7-10是单击指令右侧的白色向下箭

头时出现的菜单。可以看出，该指令有两个选项。当"响度"或"计时器"的当前值大于某设定值时发生的事件。

响度，指人耳感觉到的声音强弱，即声音响亮的程度，根据它可以把声音排成由轻到响的序列。响度的大小主要依赖于声强和频率，人耳在不同频率下对声音的敏感程度不同，与声压的对应关系不是一条直线，称为等响曲线。

计时器是 Scratch 系统设置的，参见侦测类指令"计时器归零"。

7.5.2 举例

新建一个角色"猫咪"，编写如图 7-11 所示的代码，单击舞台上方的"小绿旗"，读者试听和观察舞台猫咪的变化，看看会发生什么。为节省篇幅，我们将猫咪的三段代码放在一张图中。

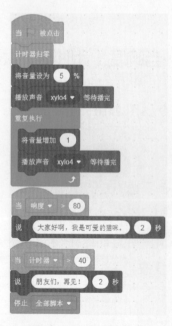

图 7-11　猫咪的代码

7.6　广播……和当接收到……

该指令如图 7-12 所示。由于这两条指令必须配对使用，所以我们放在一起来说明。

图 7-12　广播……和当接收到……

7.6.1　指令解析

该指令是各个角色之间以及角色与背景之间的纽带，各个角色之间要发生某种关联，必须使用如图 7-12 所示的指令。这里的广播是指向整个系统发布了一条消息，所有的角色和背景都会接收到所发布的消息，接收到消息后，根据作品的角色需要和背景做出"反应"。如何反应？那就需要针对具体的角色和背景编写代码了。

单击指令右侧白色的向下箭头，可以建立广播消息，如图 7-13 所示。可以看出，我们新建了一条广播消息"小猫闪亮登场"。

图 7-13　新建广播消息

当建立了广播消息后，这条消息就会出现在"当接收到……"的菜单中，包括所有角色和背景，如图7-14所示。广播消息"小猫闪亮登场"出现在"当接收到……"菜单中。

图7-14　当接收到广播消息

7.6.2　参数设定方法

单击指令右侧白色的向下箭头，选择即可。如何建立新的广播消息？单击图7-12菜单中的"新消息"，出现如图7-15所示的界面。从键盘上输入新消息名称，单击"确定"即可。消息名称应该以"见名知意"原则命名，即消息名称应该与接收到消息的角色内容有关。

图7-15　新建广播消息

此时，"小猫开始跳舞"这条信息就会出现在"当接收到……"菜单中，如图7-16所示。

图7-16　当接收到"小猫开始跳舞"

7.6.3　综合实例

该实例的名称是"砌砖块"。不熟悉的指令请参考后面的指令解析，如"碰到颜色……""变量"等。

1. 新建一个"项目"

打开Scratch3.0系统，单击主界面左上方"文件"菜单，在弹出的菜单中单击"新建项目"选项，此时程序系统默认的界面，系统中默认的角色是一个猫咪，角色名称是"角色1"，将该角色删除。单击主界面左上方"文件"菜单，在弹出的菜单中单击"保存到电脑"选项，选择文件保存到电脑中的路径，给该项目命名为"砌砖块"。

2. 新建角色

（1）新建一个角色"砖块"，如图7-17所示，在为该角色设计一个造型，如图7-18所示。这两个图的尺寸要相同，均为26×12像素。单击主界面右下角"新建角色"按钮，在弹出的菜单中单击"上传角色"选项，将角色"砖块"上传。紧接着，单击主界面左上方"造型"选项，鼠标指向左下方"新建造型"，在弹出的菜单中单击"上传造型"，将"砖块造型"上传。

图 7-17　砖块

图 7-18　砖块造型

（2）设计一个角色"鹦鹉"，如图 7-19 所示。按照上述方法，将角色上传。

图 7-19　鹦鹉

3. 新建背景

我们设计一个"天"和"地"的背景图片，"天"和"地"是用来判断的条件，如图 7-20 所示。

图 7-20　背景

4. 给作品配音乐

从网络上下载歌曲《小工匠大梦想》。

5. 编写代码

按照图 7-21 ～图 7-32 所示，将需要的指令拖动到代码区。

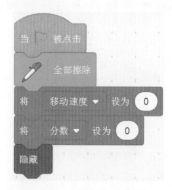

图 7-21　砖块的代码 -1

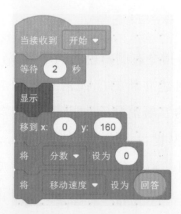

图 7-22　砖块的代码 -2

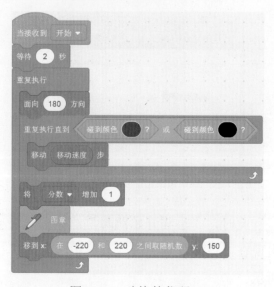

图 7-23　砖块的代码 -3

126

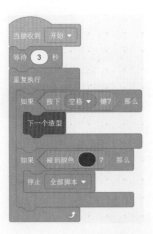

图 7-24　砖块的代码 -4

图 7-25　砖块的代码 -5

图 7-26　砖块的代码 -6

图 7-27　砖块的代码 -7

图 7-28　鹦鹉的代码 -1

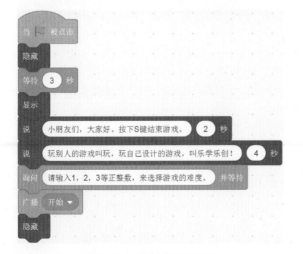

图 7-29　鹦鹉的代码 -2

图 7-30　背景的代码 -1

图 7-31　背景的代码 -2

图 7-32　背景的代码 -3

6.运行程序

通过操作键盘上的"左移键""右移键"和"下移键"，来移动砖块。

代码说明：设计两个变量"移动速度"和"分数"，其中移动速度在游戏正式开始前，由玩家根据自己的实际情况设置。分数就是砖块的个数，它代表了玩家砌墙所用砖块的数量，数量越多，说明砌墙质量越高。设计一个"天"，当砖块触摸到"天"时，游戏结束。设计一个"地"，当砖块接触到"地"时，砖块停止移动。

7.7　广播……并等待

该指令如图 7-33 所示。

图 7-33　广播……并等待

7.7.1　指令解析

该指令是在广播了消息后等待，等待什么呢？等待接收到消息的角色或背景执行完自己的代码后，再执行"广播……并等待"的下一条指令。

7.7.2　举例

新建角色"猫咪"，从系统自带的角色库中选择 cat，将角色名称修改为"猫咪"；新建角色"阿姨"，从系统自带的角色库中选择 avery walking，该角色有四个造型将角色名称修改为"阿姨"。新建广播消息"开始走路"，代码如图 7-34 和图 7-35 所示。

图 7-34　猫咪的代码

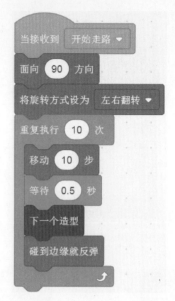

图 7-35　阿姨的代码

当"阿姨"接收到"开始走路"，"阿姨"在舞台上左右走动，"重复执行 10 次"后，程序结束，此时，开始执行"猫咪""说再见！程序"2 秒，最后停止全部程序的运行。

请读者思考：如果将图 7-34 中的指令"重复执行……次"，换成"重复执行"，结果会怎样？

第8章 控制类指令详解

控制类指令共有 11 条指令，如图 8-1 和图 8-2 所示。

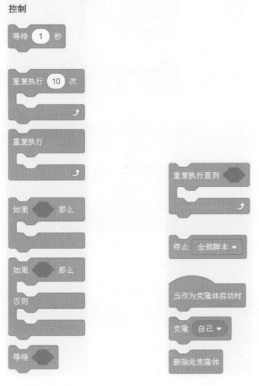

图 8-1 控制类指令 -1   图 8-2 控制类指令 -2

8.1.1 指令解析

当程序执行到该指令时，停止向该指令下面的指令执行，直到等待的时间到了设定值，图 8-3 的等待时间是 1 秒。该指令主要用于程序流程的时间控制，也经常用于角色之间的动作（行为）配合关系等。

8.1.2 举例

新建一个角色"猫咪"，从系统自带的角色库中选择角色 cat，将角色名称修改为"猫咪"，该角色有两个造型。猫咪的代码如图 8-4 所示，运行程序后，猫咪在舞台上左右来回走。指令"等待 0.5 秒"，可以调

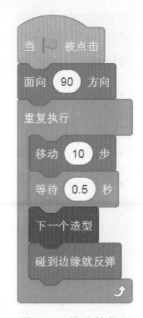

图 8-4 猫咪的代码

8.1 等待……秒

该指令如图 8-3 所示。

图 8-3 等待……秒

129

节猫咪走路脚步的快慢（即猫咪两个造型切换的快慢）。

图 8-6　沙滩球的代码 -1

8.2　重复执行……次和重复执行

这两条指令如图 8-5 所示。

图 8-5　重复执行……次

8.2.1　指令解析

在图 8-5 中，左侧的指令是有限的重复，即重复执行的次数可以设定；右侧的指令是无限重复，即永远执行。

注意： 在计算机高级语言中，没有无限重复语句，都是有条件的重复执行，因为无限重复在实际中没有意义。即使有无限重复，也应该有强制中断程序执行的代码。在一个作品中，应该有"始"有"终"。

8.2.2　举例

新建一个角色"沙滩球"，从系统自带的角色库中选择角色 beachball，将角色名称修改为"沙滩球"，沙滩球的代码如图 8-6 和图 8-7 所示。

图 8-7　沙滩球的代码 -2

8.3　如果……那么……

该指令如图 8-8 所示。

图 8-8　如果……那么……

8.3.1　指令解析

该指令是条件判断指令，图 8-8 中红色的字是作者标注的。当条件成立时，执行该指令里面的语句体，反之不执行语句体。语句体可以是一条指令，也可以是多条指令。该指令往往与重复执行指令联合使用。菱形框中的"条件"可以嵌入形状为菱形的其他指令，该指令里面的"语句体"可以嵌入有"结合齿"的其他指令。

8.3.2 举例

新建一个角色"沙滩球"，从系统自带的角色库中选择角色 beachball，将角色名称修改为"沙滩球"，沙滩球的代码如图 8-9 所示。

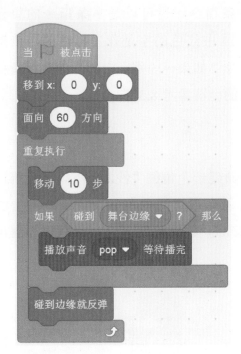

图 8-9 沙滩球的代码

图 8-10 如果……那么……否则……

8.4.1 指令解析

该指令是条件判断指令，图 8-10 中红色的字是作者标注的。当条件成立时，执行该指令里面的语句体-1，反之执行语句体-2。语句体可以是一条指令，也可以是多条指令。该指令往往与重复执行指令联合使用。菱形框中的"条件"可以嵌入形状为菱形的其他指令，该指令里面的"语句体"可以嵌入有"结合齿"的其他指令。

8.4.2 举例

新建一个角色"小球"，从系统自带的角色库中选择角色 ball，将角色名称修改为"小球"，其代码如图 8-11 所示。

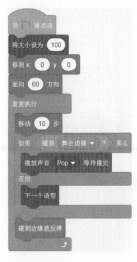

图 8-11 小球的代码

8.4 如果……那么……否则……

该指令如图 8-10 所示。

8.5 等待……

该指令如图 8-12 所示。

图 8-12　等待……

8.5.1　指令解析

该指令执行时，等待"某种条件成立"，才执行该指令的下一条指令。

8.5.2　参数设定方法

将菱形形状的指令嵌入该指令的菱形框中，主要是"侦测类"指令。

8.5.3　举例

新建一个角色"小球"，从系统自带的角色库中选择角色 ball，将角色名称修改为"小球"，其代码如图 8-13 所示。

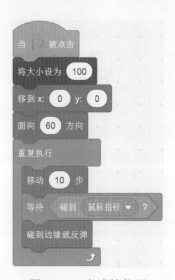

图 8-13　小球的代码

8.6 重复执行直到……

该指令如图 8-14 所示。

图 8-14　重复执行直到……

8.6.1　指令解析

执行该指令重复执行语句体，如果条件成立则执行该指令的下一条指令。语句可以是一条指令，也可以是多条指令的集合。图 8-14 中红色的字是作者标注的，该指令与指令"如果……那么……"的执行流程是相反的。请参考 8.3 节。

8.6.2　举例

新建一个角色"沙滩球"，从系统自带的角色库中选择角色 beachball，将角色名称修改为"沙滩球"，沙滩球的代码如图 8-15 所示。

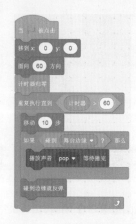

图 8-15　沙滩球的代码

8.7 停止……

该指令如图 8-16 所示。

图 8-16　停止……

8.7.1 指令解析

在图 8-16 中，单击指令右侧白色向下箭头展示的下拉菜单，可以看出，该指令有三个选项。该指令用于：停止某个角色的当前脚本（即该指令所在的脚本）；停止某个角色当前脚本的其他脚本；停止所有脚本。

8.7.2 举例

新建一个角色"沙滩球"，从系统自带的角色库中选择角色 beachball，将角色名称修改为"沙滩球"，沙滩球的代码如图 8-17 和图 8-18 所示。

图 8-17　沙滩球的代码 -1

图 8-18　沙滩球的代码 -2

8.8 克隆指令

该指令如图 8-19 所示。克隆指令共有三条，为叙述方便，把它们放在一起解析。

图 8-19　克隆指令

8.8.1 指令解析

1. 克隆的概念

克隆在广义上是指利用技术产生与原个体有完全相同基因组织后代的过程。在 Scratch 学习中，克隆技术就是在舞台中复制出一模一样的角色。

无性繁殖的英文名称叫 clone，译为"克隆"，实际上，英文的 clone 起源于希腊文 klone，原意是用"嫩枝"或"插条"繁殖。时至今日，"克隆"的含义已不仅仅是"无性繁殖"，凡来自一个祖先，经过无性繁殖出的一群个体，也叫"克隆"。克隆也可以理解为复制和拷贝，就是从原型中产生出同样的复制品，它的外表及遗传基因与原型完全相同。

1997 年 2 月，绵羊"多利"诞生的消息披露，立即引起全世界的关注，这头由英国生物学家通过克隆技术培育的克隆绵羊，意味着人类可以利用动物身上的一个体细胞，产生出与这个动物完全相同的生命体，打破了千古不变的自然规律。

2. Scratch 中的克隆

在 Scratch 编程中，在"控制类"指令库中有三个与"克隆"相关的指令，如图 8-19 所示。克隆就是复制自己，任何角色都能使用克隆指令创建出自己或其他角色的克隆体，甚至连舞台也可以使用克隆。

8.8.2　参数设定方法

图 8-19 中，左侧和右侧的指令嵌入到代码段即可，中间的指令右侧有一个白色向下箭头，单击后出现向下菜单，如图 8-20 所示。可以看出，"克隆"指令可以建立当前角色或其他角色。图中，"自己"就是当前角色，而"猫咪""阿姨"和"小球"是其他角色。

图 8-20　参考设定指令

8.8.3　举例

使用克隆指令需要注意：当克隆发生的那一刻，克隆体会继承原角色的所有状态，包括当前位置、方向、造型和效果属性等。我们来用一下克隆积木，通过在程序中设定位置、大小和方向的方式感受下"继承"的意思。另外，克隆体也可以被克隆，即当我们重复使用克隆功能时，原角色和克隆体会同时被克隆，角色的数量呈指数级增长。

新建角色"苹果"，从系统自带的角色库中选择 apple。苹果的代码如图 8-21 所示。执行该程序后，红色苹果出现在舞台的中央，看上去是一个苹果，其实有四个完全相同的苹果（四个苹果的外观、大小和坐标位置相同），此时用鼠标将四个苹果拖动到不同的位置，可以看得清楚。

图 8-21　苹果的代码 -1

再给苹果添加一段代码，如图 8-22 所示。"当作为克隆体启动时"是指在图 8-21 中由于已经克隆了三个苹果，当作为克隆体启动时这三个苹果所发生的行为或动作。

图 8-22　苹果的代码 -2

8.8.4　综合实例

该实例的名称是"烟花朵朵颂祖国"。

1. 新建一个"项目"

打开 Scratch3.0 系统，单击主界面左上方"文件"菜单，在弹出的菜单中单击"新建项目"选项，此时是程序系统默认的界面，系统中默认的角色是一个猫咪，角色名称是"角色 1"，将该角色删除。单击主界面左上方"文件"菜单，在弹出的菜单中单击"保存到电脑"选项，选择文件保存到电脑中的路径，给该项目命名为"烟花朵朵颂祖国"。

2. 新建一个角色"烟花"

角色"烟花"如图 8-23 所示，这是一个半径为 10 像素的圆，也可以是其他彩色的圆。

图 8-23　烟花

3. 新建一个背景"天安门夜景"

背景如图 8-24 所示，尺寸为 960×720，单位为像素。

图 8-24　天安门夜景

4. 编写代码

按照图 8-25 ～图 8-33 所示，将需要的指令拖动到代码区。

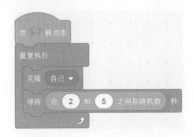

图 8-25　烟花的代码 -1

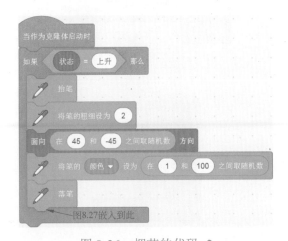

图 8-26　烟花的代码 -2

135

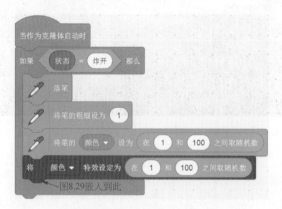

图 8-27　烟花的代码 -3（此图嵌入图 8-26）

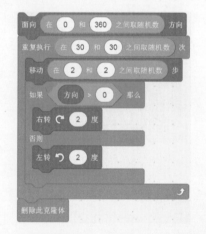

图 8-28　烟花的代码 -4

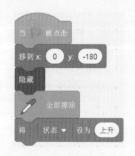

图 8-29　烟花的代码 -5（此图嵌入图 8-28）

图 8-31　烟花的代码 -7

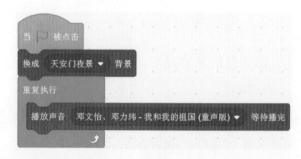

图 8-32　背景的代码 -1

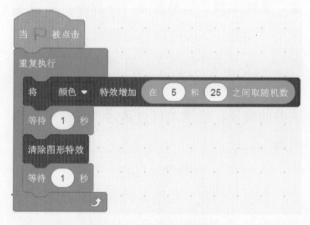

图 8-33　背景的代码 -2

5. 运行程序

单击主界面上方的"小绿旗"运行程序。灿烂而多姿多彩的烟花绽放，在绚丽的背景映衬下，祖国太美了。

图 8-30　烟花的代码 -6

侦测类指令用于判断某事件或动作是否发生，常常与控制指令联合使用。侦测类指令共 18 条，如图 9-1 和图 9-2 所示。

图 9-1　侦测类指令 -1　　图 9-2　侦测类指令 -2

9.1　碰到……?

该指令如图 9-3 所示。

图 9-3　碰到……?

9.1.1　指令解析

图 9-3 是单击指令右侧白色向下箭头出现的菜单。指令默认的是碰到"鼠标指针"或"舞台边缘"，而图中的猫咪是另外一个角色（本条指令是针对角色沙滩球的）。如果程序中有多个角色，那么除"自己"外，其他角色都会出现在菜单中。

9.1.2　举例

新建一个角色"沙滩球"，从系统自带的角色库中选择角色 beachball，将角色名称修改为"沙滩球"，沙滩球的代码如图 9-4 所示。

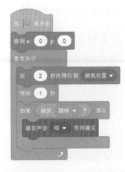

图 9-4　沙滩球是否碰到猫咪的代码

 9.2 碰到颜色……？

该指令如图9-5所示。该指令用于某个角色碰到某种颜色。

碰到颜色 ⬤ ？

图9-5 碰到颜色……？

9.2.1 指令解析

单击"颜色框"，出现如图9-6所示的界面。

图9-6 颜色的设定

在图9-6中，虽然可以调节颜色，但计算机中的颜色是用"数字"来表示的，我们肉眼看到的颜色是"大概"的，很难精确判断。所以，我们往往用下面的方法设定颜色。

新建一个角色"红心"，从系统自带的角色库中选择角色heart，将角色名称修改为"红心"，为了能看清楚，我们将角色放大，如图9-7所示。

图9-7 角色红心

单击图9-6最下方的按钮，此时系统主界面除舞台外，其余地方会变暗。将鼠标移到舞台的角色上，会出现一个"放大镜"，将放大镜对准需要设定的颜色后单击即可。这里，我们选择角色红心外面的"粉红色"。

9.2.2 举例

新建一个角色"沙滩球"，从系统自带的角色库中选择角色beachball，将角色名称修改为"沙滩球"。再新建一个角色"红心"，从系统自带的角色库中选择角色heart，将角色名称修改为"红心"。沙滩球的代码如图9-8所示。

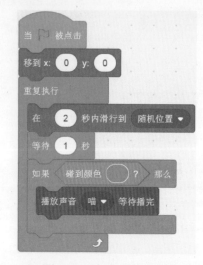

图9-8 沙滩球的代码

从程序代码可以知道，当沙滩球碰到"粉红色"时就会播放"喵"（猫叫声）。需要注意的是，沙滩球在移动过程中碰到"粉红色"，指令并不做判断，所以猫咪不会叫，读者可以试一试。另外，设定的颜色也可以是角色"红心"里面的"深红色"，但两者有所区别。

图9-10　角色沙滩球和红心

图9-11　沙滩球的代码

图9-12　红心的代码

9.3　颜色……碰到……?

该指令如图9-9所示。

图9-9　颜色……碰到……?

9.3.1　指令解析

与指令"碰到颜色……?"类似，两条指令的区别是，指令"碰到颜色……?"是角色碰到某种"颜色"，而指令"颜色……碰到……?"是某个角色的颜色碰到另一个角色的颜色。

9.3.2　举例

新建一个角色"沙滩球"，从系统自带的角色库中选择角色beachball，将角色名称修改为"沙滩球"。再新建一个角色"红心"，从系统自带的角色库中选择角色heart，将角色名称修改为"红心"。舞台上的两个角色如图9-10所示，沙滩球和红心的代码如图9-11和图9-12所示。

9.4　到……的距离

该指令如图9-13所示。当前已经新建了两个角色"猫咪"和"沙滩球"，该图是在沙滩球的代码区中的截图。

图9-13　到……的距离

9.4.1 指令解析

该指令执行时，系统可以测算出某角色到其他角色或某角色到鼠标指针的距离。其中，鼠标指针是系统默认的，而其他角色是除本角色外的新建角色。角色与角色之间的距离以角色的中心点计算。

9.4.2 举例

新建一个角色"沙滩球"，从系统自带的角色库中选择角色beachball，将角色名称修改为"沙滩球"。再新建一个角色"猫咪"，从系统自带的角色库中选择角色cat，将角色名称修改为"猫咪"。沙滩球的代码如图9-14所示。

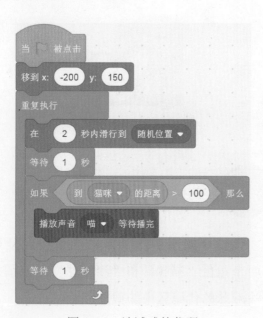

图 9-14　沙滩球的代码

9.5 询问……并等待和回答

由于这两条指令必须联合使用，我们把

它们放在一起叙述，这两条指令如图9-15所示。

图 9-15　询问……并等待和回答

9.5.1 指令解析

当程序执行到该指令时，停止向该指令下面的指令执行，等待我们从键盘上输入回答的内容后再向下执行。

9.5.2 举例

新建一个角色"沙滩球"，从系统自带的角色库中选择角色beachball，将角色名称修改为"沙滩球"，沙滩球的代码如图9-16所示。

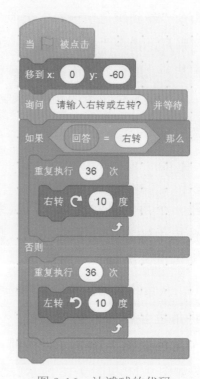

图 9-16　沙滩球的代码

运行程序后，舞台上出现了如图 9-17 所示的提示信息，此时程序等待我们从键盘上输入信息，图中我们输入了"左转"。输入信息后，按下键盘上的回车键，程序就会继续执行该指令下面的指令（也可以单击图 9-17 右侧蓝底白色的"√"）。很明显，向下的指令是根据输入的内容做出相应的动作。

图 9-17　询问提示信息

9.6 按下……键?

该指令如图 9-18 所示。

图 9-18　按下……键?

9.6.1　指令解析

单击指令右侧白色向下的箭头，在弹出的菜单中可以看到，共有 42 个键的选项，包括：空格键、上移键、下移键、左移键、右移键、任意键、26 个英文字母键（不分大小写）及 10 个数字 0～9 键等。

9.6.2　举例

新建一个角色"猫咪"，从系统自带的

角色库中选择角色 cat，将角色名称修改为"猫咪"，猫咪的代码如图 9-19 所示。如果按下空格键，结束程序执行。如果按下字母 M（不分大小写），猫咪就叫一声。

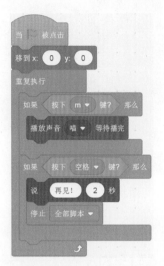

图 9-19　猫咪的代码

9.7 按下鼠标?

该指令如图 9-20 所示。

图 9-20　按下鼠标?

9.7.1　指令解析

执行该指令时，Scratch3.0 系统检测鼠标指针是否按下。

注意：鼠标指针必须在舞台上的任意位置。

9.7.2　举例

新建一个角色"猫咪"，从系统自带的

角色库中选择角色 cat，将角色名称修改为"猫咪"，猫咪的代码如图 9-21 所示。

图 9-21　猫咪的代码

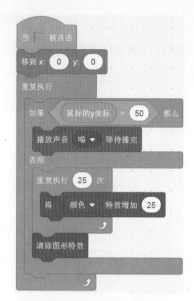

图 9-23　猫咪的代码

9.8　鼠标的 x 坐标和鼠标的 y 坐标

这两条指令类似，如图 9-22 所示。为叙述方便，我们把它们放在一起解析。

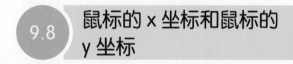

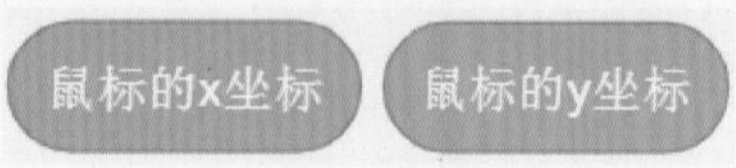

图 9-22　鼠标的 x 坐标和鼠标的 y 坐标

9.8.1　指令解析

在程序的执行过程中，该指令会实时检测到鼠标的 x 坐标和 y 坐标值。

9.8.2　举例

新建一个角色"猫咪"，从系统自带的角色库中选择角色 cat，将角色名称修改为"猫咪"，猫咪的代码如图 9-23 所示。

9.9　将拖动模式设为……

单击该指令右侧白色向下箭头，弹出如图 9-24 所示的菜单。

图 9-24　将拖动模式设为……

9.9.1　指令解析

指令中"可拖动"和"不可拖动"是指程序运行在全屏模式下（必须是全屏模式），角色是否可以用鼠标指针拖动。

9.9.2　举例

新建一个角色"猫咪"，从系统自带的角色库中选择角色 cat，将角色名称修改为

"猫咪"，猫咪的代码如图 9-25 所示。在全屏模式下执行该程序，舞台上的猫咪不可以用鼠标拖动。

图 9-25　猫咪的代码

9.10　响度

该指令如图 9-26 所示。

图 9-26　响度

9.10.1　指令解析

响度的大小主要依赖于声强和频率，人耳在不同频率下对声音的敏感程度不同，与声压的对应关系不是一条直线，称为等响曲线。

在计算机中，颜色和响度等参数都是用数字表示的。该指令可以侦测房间中的声音大小，此时电脑需要连接麦克风。注意，该指令不是检测角色本身的声音。"勾选"指令库中该指令，响度值会出现在舞台上，如果电脑连接了麦克风，电脑所在的环境实时"响度"值就会出现在舞台上。

9.10.2　举例

新建一个角色"猫咪"，从系统自带的角色库中选择角色 cat，将角色名称修改为"猫咪"，猫咪的代码如图 9-27 所示。

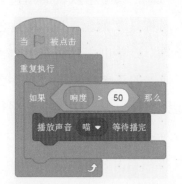

图 9-27　猫咪的代码

9.11　计时器和计时器归零

这两条指令经常联合使用，为叙述方便，我们把它们放在一起解析，如图 9-28 所示。

图 9-28　计时器和计时器归零

9.11.1　指令解析

指令"计时器"是 Scratch3.0 系统的计时器，在 Scratch3.0 系统启动时，计时器就开始工作了，计时精确到"秒"小数点后三位。在程序的设计中，我们往往使用"计时器归零"，然后利用"计时器"对角色或程序流程顺序进行控制。

9.11.2 综合实例

实例的名称是"猫咪上课了"。

1.新建一个"项目"

打开 Scratch3.0 系统，单击主界面左上方"文件"菜单，在弹出的菜单中单击"新建项目"选项，系统中默认的角色是一个猫咪，角色名称是"角色1"，将角色名称修改为"猫咪"。单击主界面左上方"文件"菜单，在弹出的菜单中单击"保存到电脑"选项，选择文件保存到电脑中的路径，给该项目命名为"猫咪上课了"。

2.新建声音文件

单击主界面左上方"声音"按钮，鼠标指针指向左下方"新建声音"选项，在弹出的菜单中单击"选择一个声音"，从系统自带的声音库中选择声音文件"Xylo3"和"Xylo4"。

3.编写代码

按照如图 9-29 ～图 9-31 所示，将需要的指令拖动到代码区。

图 9-29 猫咪的代码 -1　图 9-30 猫咪的代码 -2

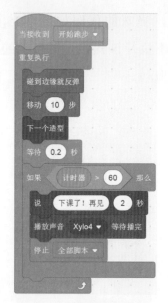

图 9-31 猫咪的代码 -3

9.12 舞台（角色）的……

该指令如图 9-32 所示。

图 9-32 舞台（角色）的……

9.12.1 指令解析

单击指令左侧的白色向下箭头，如图 9-33 所示。可以看出，这里有"舞台"和"角色"两个选项，此时有"时针""分针""秒针"和"表盘"四个角色。参见 9.3 节的实例。

图 9-33 指令解析 -1（舞台）

对于舞台，其选项如图9-34所示。

图 9-34　指令解析 -2（舞台）

对于角色（以分针为例），其选项如图9-35所示。

图 9-35　指令解析 -3（角色）

9.12.2　综合实例

实例名称是"我心爱的蝴蝶结"。

1. 新建一个"项目"

打开 Scratch3.0 系统，单击主界面左上方"文件"菜单，在弹出的菜单中单击"新建项目"选项，此时是程序系统默认的界面。系统中默认的角色是一个猫咪，角色名称是"角色1"，将该角色删除。单击主界面左上方"文件"菜单，在弹出的菜单中单击"保存到电脑"选项，选择文件保存到电脑中的路径，给该项目命名为"我心爱的蝴蝶结"。

2. 新建角色"蝴蝶结"

新建一个角色"蝴蝶结"，再为其设计四个造型，此时造型库中共有五个造型，如图 9-36 ～图 9-40 所示。

图 9-36　蝴蝶结 -1

图 9-37　蝴蝶结 -2

图 9-38　蝴蝶结 -3

图 9-39　蝴蝶结 -4

图 9-40　蝴蝶结 -5

3. 新建背景

为该项目新建 5 幅背景，如图 9-41 ～
图 9-45 所示。

图 9-41　背景 -1

图 9-42　背景 -2

图 9-43　背景 -3

图 9-44　背景 -4

图 9-45　背景 -5

4. 编写代码

使用左键按照图 9-46 ～图 9-50 所示，
从指令库中拖动指令到角色或背景的代码区。

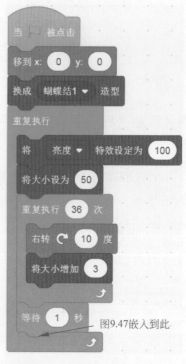

图 9-46　蝴蝶结的代码 -1

146

图 9-47 蝴蝶结的代码 -2（此图接图 9-46）

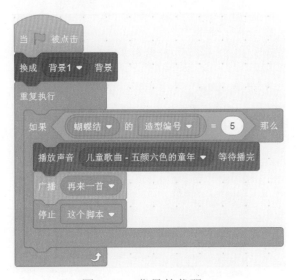

图 9-48 背景的代码 -1

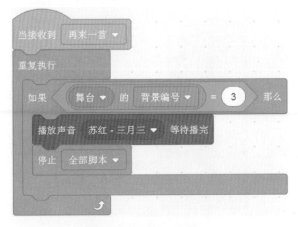

图 9-49 背景的代码 -2

图 9-50 背景的代码 -3

9.13 当前时间的……

单击该指令右侧白色向下箭头，弹出如图 9-51 所示的菜单。

图 9-51 当前时间的……

9.13.1 指令解析

在程序的执行过程中，该指令会实时检测和获取当前计算机系统中的时间。这些时间包括：年、月、日、星期、时、分和秒。

9.13.2 综合实例

实例名称是"猫咪为你报时"。

1. 新建一个"项目"

打开 Scratch3.0 系统，单击主界面左上方"文件"菜单，在弹出的菜单中单击"新建项目"选项,此时是程序系统默认的界面,系统中默认的角色是一个猫咪,角色名称是"角色1",将该角色名称修改为"猫咪"。单击主界面左上方"文件"菜单,在弹出的菜单中单击"保存到电脑"选项,选择文件保存到电脑中的路径,给该项目命名为"猫咪为你报时"。

2. 新建角色

新建四个角色:表盘(如图9-52)、时针(如图9-53)、分针(如图9-54)和秒针(如图9-55)。

图 9-52 表盘

图 9-53 时针

图 9-54 分针

图 9-55 秒针

注意: 时针、分针和秒针需要在角色的造型中将它们的末端设置在绘图板的中央。

3. 编写代码

单击左键,从指令库中将如图9-56～图9-61所示的代码拖到对应的角色指令区域。

图 9-56 表盘的代码

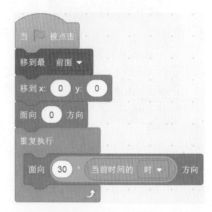

图 9-57 时针的代码

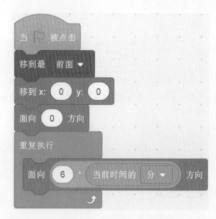

图 9-58 分针的代码

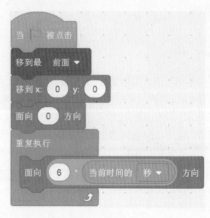

图 9-59 秒针的代码

图 9-60 猫咪的代码 -1

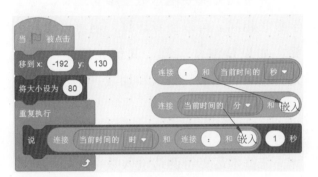

图 9-61 猫咪的代码 -2

9.14 2000 年至今的天数

该指令如图 9-62 所示。该指令可以计算并获取从 2000 年 1 月 1 日距一个特定日期的天数。

图 9-62 2000 年至今的天数

9.14.1 指令解析

为了更容易计算出特定日期之前或之后的天数，可以使用该指令。你可以使用该指令创建约会或事件列表。首先，你要弄清楚所记事件距 2000 年 1 月 1 日有多少天，然后，可以使用运算指令来显示两个日期之间的天数。以后你每次启动项目，都能看到事件发生的天数。

9.14.2 举例

新建一个角色"艾玛"，从系统自带的角色库中选择角色 abby，将角色名称修改为"艾玛"，艾玛的代码如图 9-63 所示。

图 9-63 艾玛的代码

9.15 用户名

用户名指令如图 9-64 所示。

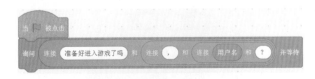

图 9-64 用户名

9.15.1 指令解析

该指令将显示玩家已登录的用户名，使用此功能让游戏像真人一般询问玩家。该用户名是在美国麻省理工 Scratch 官网注册的，并且在玩游戏时用户已经登录。

9.15.2 举例

在某游戏中嵌入如图 9-65 所示的代码，非常友好。

图 9-65 用户名使用举例

第 10 章　运算类指令详解

运算类指令可以分为数学运算、条件运算和字符串运算。运算类指令共有 18 条指令，如图 10-1 和图 10-2 所示。

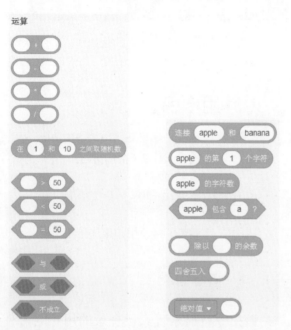

图 10-1　运算类指令 -1　　图 10-2　运算类指令 -2

算术运算

算术运算共有加法、减法、乘法和除法四条指令，我们将它们放在一起解析，如图 10-3 所示。

图 10-3　加法、减法、乘法和除法

10.1.1　指令解析

算术运算需要两个数字参与运算，与小学数学相同。可以嵌套运算，也可以混合运算。如果是混合运算，其优先级由高到低为：括号、指数、乘除和加减。

10.1.2　参数设定方法

在算术运算符两边输入数字，如果是嵌套运算，将参与运算的指令嵌入即可。

10.1.3　举例

如果需要立即查看运算结果，可以使用指令"说……"。我们新建一个角色"猫咪"，让猫咪说出运算的结果。

1. 基本运算

执行如图 10-4 所示的代码，猫咪会立即说出运算结果（结果在猫咪的旁边显示）。

图 10-4　运算指令举例 -1

2. 嵌套混合运算

如图 10-5 所示的代码，第一条指令运算的结果是 27，第二条指令运算的结果是 42。在使用嵌套计算时，请注意嵌套的层次关系。

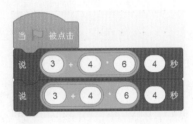

图 10-5　运算指令举例 -2

10.2 在……和……之间取随机数

该指令如图 10-6 所示。

图 10-6　在……和……之间取随机数

10.2.1　指令解析

随机数是不确定的数，用于模拟现实世界的自然状态。前面的例子中我们已经多次用到该指令。

10.2.2　综合实例

该实例的名称是"算术考试了"。

1. 新建一个"项目"

打开 Scratch3.0 系统，单击主界面左上方"文件"菜单，在弹出的菜单中单击"新建项目"选项，此时是程序系统默认的界面，系统中默认的角色是一个猫咪，角色名称是"角色 1"，将该角色名称修改为"猫咪"。单击主界面

左上方"文件"菜单，在弹出的菜单中单击"保存到电脑"选项，选择文件保存到电脑中的路径，给该项目命名为"算术考试"。

2. 实例说明

让猫咪出题，我们来答题。要求是 100 以内的加法，即加法的结果不超过 100。共 20 道题，每道题 5 分，满分为 100 分，考试时间是 600 秒。

3. 编写代码

按照图 10-7 ～图 10-9 所示，将需要的指令拖动到代码区。

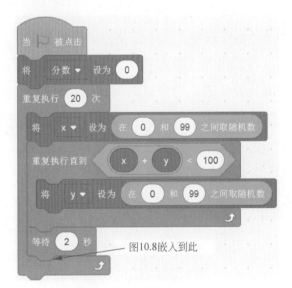

图 10-7　猫咪的代码 -1

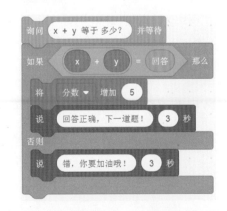

图 10-8　猫咪的代码 -2（此图接图 10-7）

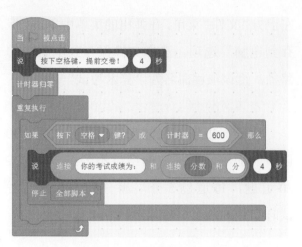

图 10-9　猫咪的代码 -3

4. 运行程序

单击主界面舞台上方的"小绿旗"运行程序，程序提示"按下空格键，提前交卷"，然后开始出题，输入答案，系统会提示你的答案是否正确。当考试时间超过 600 秒或按下空格键，考试的成绩就会显示在舞台上。

10.3　比较运算

比较运算共有三条指令，如图 10-10 所示。

图 10-10　比较运算

10.3.1　指令解析

比较运算用于比较两个数的大小值是否相等。

10.3.2　综合实例

该实例的名称是"比一比谁大？"。

1. 新建一个"项目"

打开 Scratch3.0 系统，单击主界面左上方"文件"菜单，在弹出的菜单中单击"新建项目"选项，此时是程序系统默认的界面，系统中默认的角色是一个猫咪，角色名称是"角色 1"，将该角色名称修改为"猫咪"。单击主界面左上方"文件"菜单，在弹出的菜单中单击"保存到电脑"选项，选择文件保存到电脑中的路径，给该项目命名为"比一比谁大？"。

2. 实例说明

猫咪随机给出两个小于 100 的数字，我们从键盘上输入"x"或"y"或"相等"来回答两个数谁大，如果输入的结果不正确，那么猫咪提示你"答错了，按下空格键再来一次！"。

3. 编写代码

按照图 10-11 ～图 10-14 所示，将需要的指令拖动到猫咪的代码区。

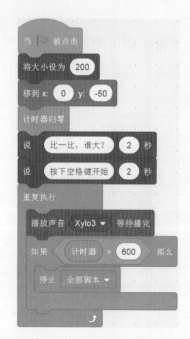

图 10-11　猫咪的代码 -1

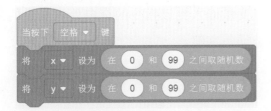

图 10-12　猫咪的代码 -2

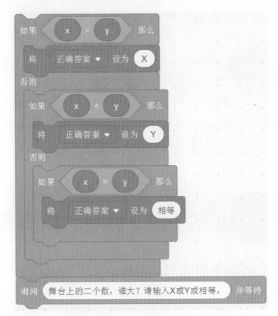

图 10-13　猫咪的代码 -3（此图接图 10-12）

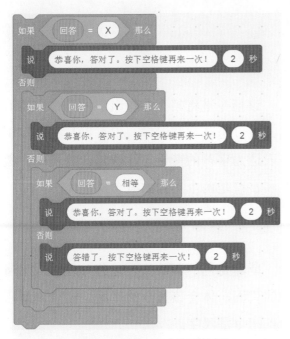

图 10-14　猫咪的代码 -4（此图接图 10-13）

10.4　逻辑运算指令

逻辑运算指令有三条，如图 10-15 所示。

图 10-15　逻辑运算指令

10.4.1　指令解析

当两个条件都成立时，"与"逻辑的结果为"真"，即逻辑成立；当两个条件中有一个成立时，"或"逻辑为"真"，即逻辑成立；现实生活中，这样的例子很多。

10.4.2　举例

新建一个角色"猫咪"。新建四个变量：x、y、A 和 B，在指令库中勾选四个指令，让变量值显示在舞台上。

1. 逻辑"与"演示

逻辑"与"颜色代码如图 10-16 所示。

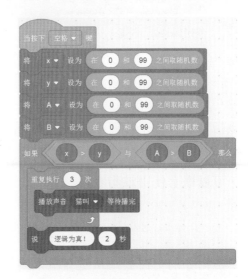

图 10-16　逻辑"与"演示代码

2. 逻辑"或"演示

逻辑"或"颜色代码如图 10-17 所示。

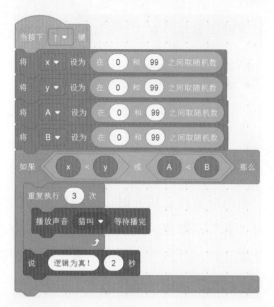

图 10-17　逻辑"或"演示代码

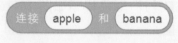

10.5　连接……和……

该指令如图 10-18 所示。

图 10-18　连接……和……

10.5.1　指令解析

该指令连接两个字符串，字符串可以从键盘输入，也可以是某个变量的字符名称。另外，可以嵌套使用该指令。

10.5.2　参数设定方法

单击指令的空白处，从键盘输入字符；或将变量嵌入到该指令的空白处，变量的名称必须是字符。

10.5.3　举例

新建两个角色"猫咪"和"红苹果"。连接指令演示代码如图 10-19 所示。

图 10-19　连接指令演示代码

10.6　（字符串）的第……个字符

该指令如图 10-20 所示。

图 10-20　（字符串）的第……个字符

10.6.1　指令解析

该指令是将某个字符串中的某个字符取出，可以是英文和汉字，也可以是在计算机中表达为字符的变量。注意，计算机中，数字和字符是两个不同的概念。

10.6.2　举例

新建角色"猫咪"，运行如图 10-21 所示的代码，体会该指令的作用。注意，最后一条指令是汉字。

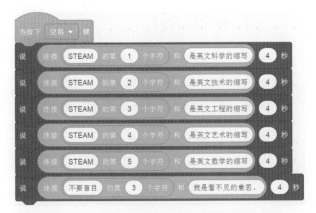

图 10-21　取字符串中某个字符演示代码

10.7　字符串中的字符数

该指令如图 10-22 所示。

图 10-22　字符串中的字符数

10.7.1　指令解析

该指令计算某字符串中的字符个数。

10.7.2　举例

如图 10-23 所示的代码，演示计算字符串中字符的个数，英文和中文都可以。

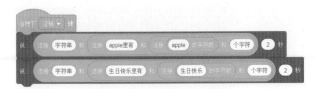

图 10-23　字符串中字符的个数的演示代码

10.8　某个字符串中包含某个字符?

该指令如图 10-24 所示。

图 10-24　字符串中是否包含某个字符

10.8.1　指令解析

这是一个条件判断指令，用于判断某个字符串中是否包含某个字符。

10.8.2　举例

如图 10-25 所示的代码，演示某个字符串中是否包含某个字符。

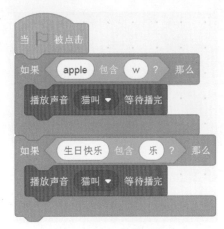

图 10-25　字符串中是否包含某个字符的演示代码

10.9　……除以……的余数

该指令如图 10-26 所示。

图 10-26 ……除以……的余数

10.9.1 指令解析

该指令可以获得两个数做除法运算的余数。

10.9.2 举例

如图 10-27 所示的代码，演示一个数除以另一个数的余数。

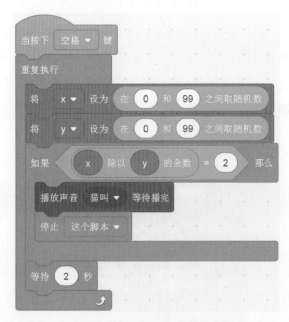

图 10-27 除法余数的演示代码

10.10 四舍五入……

该指令如图 10-28 所示。

图 10-28 四舍五入……

10.10.1 指令解析

该指令对某一数字进行四舍五入运算。

10.10.2 举例

该指令的演示代码如图 10-29 所示。

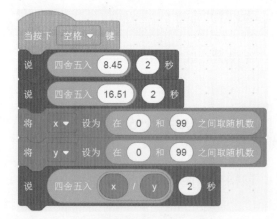

图 10-29 四舍五入指令的演示代码

10.11 绝对值（等）……

该指令如图 10-30 所示。

图 10-30 绝对值（等）……

10.11.1 指令解析

该指令包含 14 种常见的数学运算，涉及中小学数学课程内容。

10.11.2 举例

该指令包含 14 种数学运算。

1. 绝对值

指令演示如图 10-31 所示。

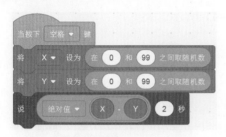

图 10-31　绝对值的演示代码

2. 向下取整

无论小数是多少都直接舍去，指令演示如图 10-32 所示。

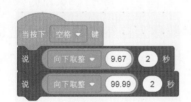

图 10-32　向下取整的演示代码

3. 向上取整

无论小数是多少都直接进 1，指令演示如图 10-33 所示。

图 10-33　向上取整的演示代码

4. 平方根

指令演示如图 10-34 所示。

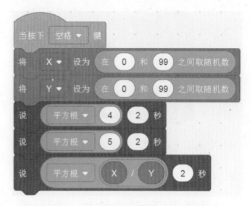

图 10-34　平方根的演示代码

5. sin 函数

函数参数是角度值，指令演示如图 10-35 所示。

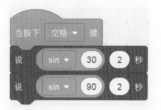

图 10-35　sin 函数的演示代码

6. cos 函数

函数参数是角度值，指令演示如图 10-36 所示。

图 10-36　cos 函数的演示代码

7. tan 函数

函数参数是角度值，指令演示如图 10-37

所示。第二个指令的结果是"infinity"，即无限大。

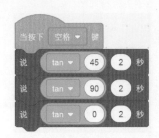

图 10-37　tan 函数的演示代码

8. asin 函数

asin 函数即反正弦函数，指令演示如图 10-38 所示。参数为某一角度的正弦值，其大小介于 -1 ～ 1。

图 10-38　asin 函数的演示代码

9. acos 函数

acos 函数即反余弦函数，指令演示如图 10-39 所示。参数为某一角度的余弦值，其大小介于 -1 ～ 1。

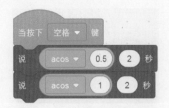

图 10-39　acos 函数的演示代码

10. atan 函数

atan 函数即反正切函数，指令演示如图 10-40 所示。取值范围为负无穷大和正无穷大。

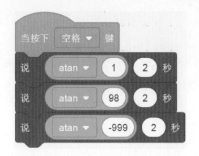

图 10-40　atan 函数的演示代码

11. ln（自然对数）

ln 是以 e 为底的对数，指令演示如图 10-41 所示。

图 10-41　ln（自然对数）的演示代码

我们将以 10 为底的对数叫常用对数，并把 $\log_{10}N$ 记为 $\lg N$。另外，在科学技术中常使用以无理数 e=2.71828… 为底数，以 e 为底的对数称为自然对数，并且把 $\log_e N$ 记为 $\ln N$。对数的底 10 和 e 都要写在 log 的右下角，如：$\log_a N$。

12. log（常用对数）

log 即以 10 为底的对数，指令演示如图 10-42 所示。

图 10-42　log（常用对数）的演示代码

13. e^（e 的 N 次方）

指令演示如图 10-43 所示。

图 10-43　e^（e 的 N 次方）的演示代码

14. 10^（10 的 N 次方）

指令演示如图 10-44 所示。

图 10-44　10^（10 的 N 次方）的演示代码

第 11 章　变量类指令详解

如果你新建了一个项目，还没有新建变量或列表，系统默认的变量类指令如图 11-1 所示。

图 11-1　变量类指令

当新建了一个变量，有 5 条相关的指令出现在"变量"指令库中。当新建了一个列表，有 12 条相关的指令出现在"变量"指令库中。列表是变量的一种索引形式，相当于将多个类型相同的变量集合到了一起，方便处理和使用。因此，变量类指令共 17 条。

我们新建一个变量"猫咪走路速度"和一个列表"歌单"，相关指令解析以此为例。对于变量，我们举综合实例"猫咪越走越快了"。对于列表，我们举综合实例"鹦鹉开演唱会了"。

11.1　猫咪走路速度

该指令如图 11-2 所示。

猫咪走路速度

图 11-2　猫咪走路速度

11.1.1　指令解析

该指令可以作为参数使用。当勾选该指令时，其值将显示在舞台上，如图 11-3 所示。我们可以根据需要，用鼠标指针拖动猫咪调整其在舞台上的位置。

图 11-3　舞台上的变量和猫咪

11.1.2　参数设定方法

1. 变量显示在舞台上的三种方式

右击图 11-3 中的变量，弹出菜单如图 11-4 所示，可以看出，变量的显示有三种方式，可以根据需要选择。

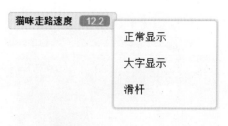

图 11-4　变量显示在舞台上的三种方式

2.修改变量名和删除变量

右击指令库中的变量"猫咪走路速度"，弹出如图 11-5 所示的菜单。我们可以修改变量名或删除变量。

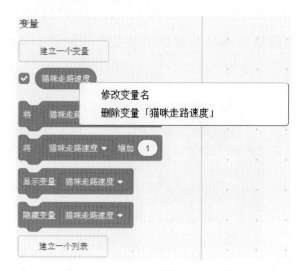

图 11-5　修改变量名和删除变量

11.1.3　综合实例

该实例的名称是"猫咪越走越快了"。

1.新建一个"项目"

打开 Scratch3.0 系统，单击主界面左上方"文件"菜单，在弹出的菜单中单击"新

建项目"选项，此时是程序系统默认的界面，系统中默认的角色是一只猫咪，名称是"角色 1"，将该角色名称修改为"猫咪"。单击主界面左上方"文件"菜单，在弹出的菜单中单击"保存到电脑"选项，选择文件保存到电脑中的路径，给该项目命名为"猫咪越走越快了"。

2.说明

系统自带的角色"猫咪"，有两个造型，连续播放可以简单地模拟猫咪走路。另外，系统默认的声音是"喵"，即猫咪的叫声。

3.编写代码

该实例让猫咪在舞台上左右来回走，猫咪的走路速度越来越快。按照图 11-6 ～图 11-8 所示，将需要的指令拖动到代码区。

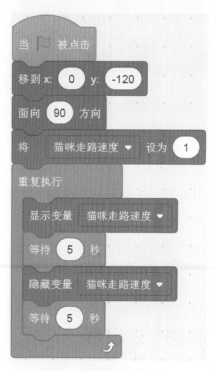

图 11-6　猫咪的代码 -1

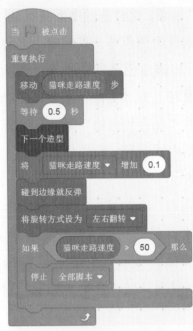

图 11-7　猫咪的代码 -2

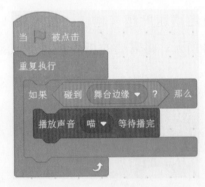

图 11-8　猫咪的代码 -3

4. 运行程序

单击主界面上方的"小绿旗"运行程序，猫咪在舞台上从左到右、从右到左来回走动，越走越快，猫咪碰到边缘就会叫一声。当猫咪的走路速度大于 50 时，程序停止执行。

11.2　将……设为……

该指令如图 11-9 所示。

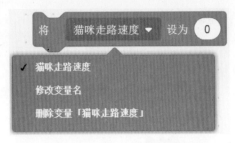

图 11-9　将……设为……

指令解析：当单击该指令右侧白色向下箭头，会弹出如图 11-9 所示的菜单。在菜单中有三个选项，即我们新建的变量"猫咪走路速度"以及系统默认的两个选项"修改变量名""删除变量「猫咪走路速度」"。

如果我们新建多个变量，那么这些变量都会出现在菜单中。例如，我们再新建一个变量猫咪碰到边缘的"次数"，如图 11-10 所示，变量"次数"就会出现在菜单中。

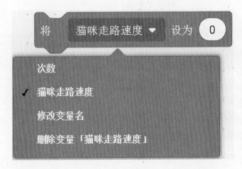

图 11-10　菜单中显示全部变量

11.3　将……增加……

当单击该指令右侧白色向下箭头，会弹出如图 11-11 所示的菜单。

图 11-11　将……增加……

指令解析：该指令将某个变量的值增加一个设定值，一般来说，该变量应该先设置一个初始值。

11.4　显示变量……

单击该指令右侧白色向下箭头，出现如图 11-12 所示的菜单。

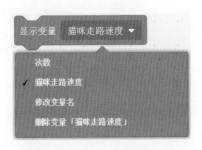

图 11-12　显示变量……

指令解析：执行该指令，将新建的某个变量显示在舞台上，变量随着程序的运行而变化。

11.5　隐藏变量……

该指令如图 11-13 所示。

指令解析：执行该指令，将新建的某个变量隐藏，即不在舞台上出现。

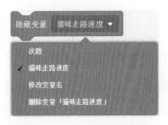

图 11-13　隐藏变量……

11.6　歌单

该指令如图 11-14 所示。

图 11-14　歌单

当我们新建一个列表后，在指令库中会自动出现如图 11-15 所示的指令，共 12 条。参数是系统默认的，如果是"1"，其参数是数字；如果是"东西"，其参数是"名称"。

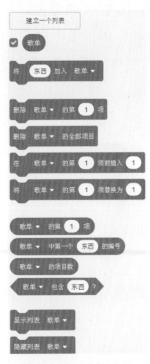

图 11-15　歌单列表

11.6.1 指令解析

当在指令库中勾选该指令，歌单编辑界面将显示在舞台上，如图 11-16 所示。可以根据需要用鼠标指针拖动调整其在舞台上的位置。

图 11-16　歌单编辑界面

11.6.2 参数设定方法

从图 11-16 中可以看出，目前歌单中没有添加歌曲。单击图中左下角"+"，可以添加歌曲名称，系统为其自动编号，如图 11-17 所示。

图 11-17　编辑歌单

单击图 11-17 右下角"="，可以用鼠标指针拖动将歌单"放大"或"缩小"，以调整歌单的长和宽。

11.6.3 综合实例

实例的名称是"鹦鹉开演唱会了"。

1. 素材准备

1）主持人

设计一个角色"主持人"，见图 11-18 所示。该角色造型仅供参考。

图 11-18　主持人

2）鹦鹉

设计一个角色鹦鹉，见图 11-19 所示。该角色造型仅供参考。

图 11-19　鹦鹉

3）背景

系统默认的背景是白色的，为配合本课动画故事，我们设计一幅演唱会舞台的背景图片，如图 11-20 所示。

图 11-20　演唱会舞台

4）音乐

本课动画的背景音乐和声音，我们从系统自带的声音库中选择。演唱歌单中的六首歌曲，包括《让我们荡起双桨》《欧若拉》《赶圩归来》《童年》《熊猫咪咪》和《彩色中国》。注意，音乐的内容、节奏和风格等应该与本实例动画相呼应。

2. 新建一个"项目"

打开 Scratch3.0 系统，单击主界面左上方"文件"菜单，在弹出的菜单中单击"新建项目"选项，此时是程序系统默认的界面，系统中默认的角色是一个猫咪，角色名称是"角色 1"，将该角色删除。单击主界面左上方"文件"菜单，在弹出的菜单中单击"保存到电脑"选项，选择文件保存到电脑中的路径，给该项目命名为"鹦鹉开演唱

会了"。

3. 编写代码

将本实例角色、背景和音乐上传，按照如图 11-21 ～图 11-28 所示，将指令从指令库中拖动到各角色或背景的代码区。

图 11-21　主持人的代码 -1

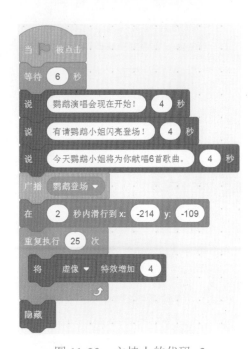

图 11-22　主持人的代码 -2

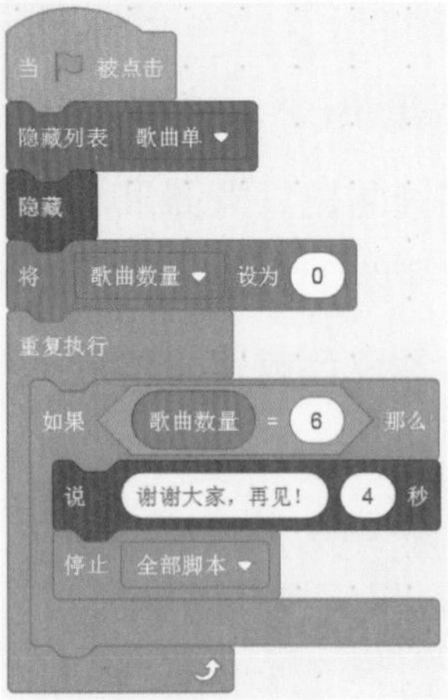

图 11-23 鹦鹉的代码 -1

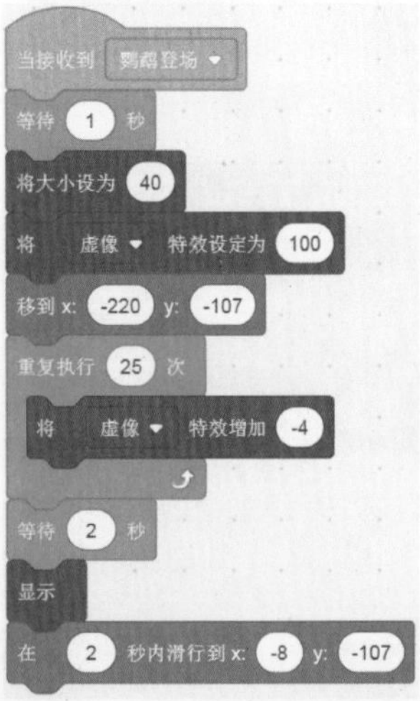

图 11-24 鹦鹉的代码 -2

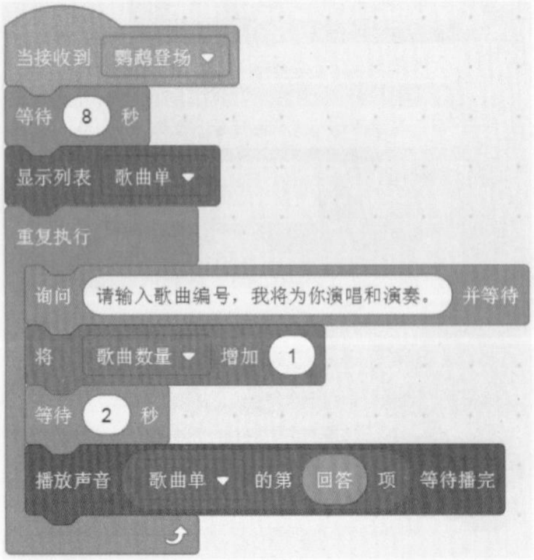

图 11-25 鹦鹉的代码 -3

图 11-26 背景的代码 -1

图 11-27 背景的代码 -2

图 11-28 背景的代码 -3

4. 运行程序

至此，本实例代码编写已经完成。单击系统舞台上方的"小绿旗"，运行程序。程序执行的效果截图如图 11-29 和图 11-30 所示。请注意，该截图仅仅是程序执行到某一时刻的效果，不可能反映程序执行的整体效果。

166

图 11-29　程序执行效果截图 -1

图 11-30　程序执行效果截图 -2

5. 实例说明

（1）在图 11-28 中，我们使用了事件指令"当按下空格键"，本课中，当按下空格键时，停止全部脚本，表示所有角色和背景的程序都会停止执行。一般来说，任何程序都应该有"强制"结束执行程序的方法。

（2）在图 11-25 中，我们使用了侦测指令"询问……并等待"，由于舞台上已经显示了歌单及其编号，听众就可以输入相应歌单中的编号来点歌了。当输入编号后，就播放歌单中对应的歌曲，见图 11-31。点歌

的数量也在这里记录，当点歌总数超过六首时，结束演唱会，请参考图 11-23 所示。

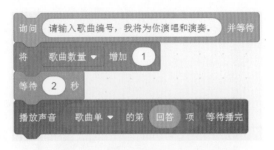

图 11-31　点歌及其播放的关键代码

（3）本实例中，我们使用了变量指令："建立一个列表"。列表实际上就是某同一类变量的索引，如何建立一个列表？以本课角色"鹦鹉"为例说明，因为鹦鹉要演唱 6 首歌曲，我们已经将这 6 首歌曲上传。在指令库中找到"变量"，如图 11-32 所示。

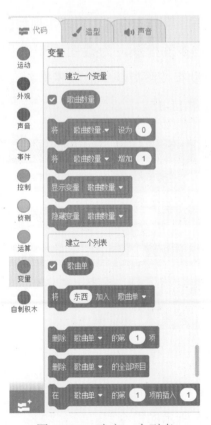

图 11-32　建立一个列表

单击"建立一个列表"，此时屏幕上出现如图11-33所示的"新建列表"界面。

图 11-33　"新建列表"界面

给列表起一个名字，从键盘上输入"歌曲单"，选择该列表适用于"所有角色"还是"仅仅是本角色"，单击确定，完成列表的建立。注意：列表名和变量名应该按照"见名知意"的原则命名。

此时，会在指令库中自动出现如图11-34所示的 12 条指令。为截图方便，图11-34中指令没有按照指令库的顺序排列，顺序排列参考图 11-15。

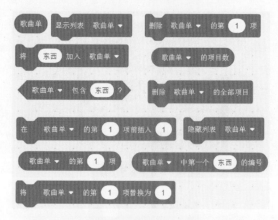

图 11-34　新建列表后自动显示的指令

（4）在图 11-25 中，我们使用的是如图 11-35 所示的指令。

图 11-35　播放列表编号对应于的歌曲

（5）歌曲单中歌曲的编号就是角色"鹦鹉"建立的声音文件编号，列表中编号与声音文件名称必须一致。假如我们要在现有的六首歌曲中增加一个苏红演唱的歌曲《三月三》，首先，在指令库中勾选列表名称"歌曲单"，如图 11-36 所示。

图 11-36　在指令库中勾选歌曲单

此时会在舞台上出现歌曲单，如图11-37所示。

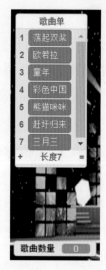

图 11-37　增加一个列表单"7"

单击舞台上歌曲单界面的左下角"+"，列表编号由此前的 1 ～ 6，变成了 1 ～ 7，此时，在第 7 项中输入声音文件名称（必须与鹦鹉上传的声音文件名称一致）。

图 11-40　在歌单中新增歌曲

11.7　将……加入……

该指令如图 11-38 所示。

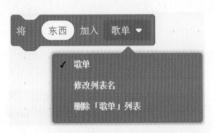

图 11-38　将……加入……

11.7.1　指令解析

该指令是将某"东西"加入到列表"歌单"中，这里的"东西"是系统默认的名称，我们应该加入与歌单列表相关的"歌曲名称"。

11.7.2　参数设定方法

例如，在图 11-17 的基础上增加一个歌曲名称《跳竹竿》，当执行如图 11-39 所示的代码，在歌单列表中就会新增一个歌单，原来歌单中有两首歌曲，现在有三首歌曲，如图 11-40 所示。

11.8　删除……的第……项

该指令如图 11-41 所示。

图 11-41　删除……的第……项

11.8.1　指令解析

执行该指令，将删除某个列表中的某一项。

11.8.2　参数设定方法

执行如图 11-42 所示的代码，删除列表"歌单"中的第 1 项，如图 11-43 所示，删除后，列表中的编号自动变化。请对比图 11-40。

图 11-39　新增歌单代码

图 11-42　删除列表中的某一项演示代码

图 11-43　删除后歌单中歌曲的变化

图 11-46　插入歌曲后列表的变化

11.9　在……的第……项前插入……

11.10　将……的第……项替换为……

该指令如图 11-44 所示。

图 11-44　在列表中插入歌曲

11.9.1　指令解析

该指令在某个列表的某一项的前面插入某一新项目，这里的项目应该是歌曲名称。

11.9.2　参数设定方法

在图 11-43 的基础上，执行如图 11-45 所示的代码，在列表"歌单"的第 1 项前插入歌曲《荡起双桨》，如图 11-46 所示。

图 11-45　在列表中插入歌曲

该指令如图 11-47 所示。

图 11-47　将……的第……项替换为……

11.10.1　指令解析

该指令将某个列表中的某一项替换为一个新项，新项应该是一个歌曲名称。

11.10.2　参数设定方法

在图 11-46 的基础上，执行如图 11-48 所示的代码，原来的第 2 项《欧若拉》被《我和我的祖国》替代，如图 11-49 所示。根据需要，单击某一个选项选择即可。

图 11-48　列表项目替换代码

图 11-49　列表项目替换效果

11.11 ……的第……项

该指令如图 11-50 所示。

图 11-50　……的第……项

11.11.1 指令解析

该指令执行的结果是获取列表"歌单"中的某一项的值，值即"歌单"某一项的名称。

11.11.2 参数设定方法

该指令一般作为参数与控制指令和运算指令联合使用。新建一个角色"猫咪"，在图 11-49 的基础上，执行如图 11-51 所示的代码。如果随机数是"2"，就会播放歌曲"我和我的祖国"，反之播放猫咪的"叫声"。

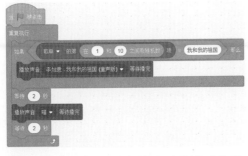

图 11-51　指令作为参数应用的演示代码

11.12 列表其他指令

为节省篇幅，我们将剩余的 7 条指令放在一起解析，然后举一个综合的实例。这 7 条指令如图 11-52 所示。

图 11-52　列表其他指令

11.12.1 指令解析

（1）……中第一个……的编号。

该指令获取某个列表中的某个名称的编号。

（2）……包含……。

该指令判断某列表中是否包含某个项目名称。

（3）……的项目数。

该指令获取某列表中所有的项目数量。

（4）显示列表……。

该指令用于将某个列表显示在舞台上。

（5）隐藏列表……。

该指令用于将某个列表不显示在舞台上。

（6）删除……的全部项目。

该指令删除某列表中的全部项目。

（7）……包含……。

该指令判断某列表中是否包含某个名称。

11.12.2 综合实例

新建角色"猫咪",再新建三个列表
"歌单"(如图 11-48 所示)、"算术题"(空
表)和"算术题答案"(空表)。按照如
图 11-53 ~图 11-56 所示,将指令从指令库
中拖动到猫咪的代码区。

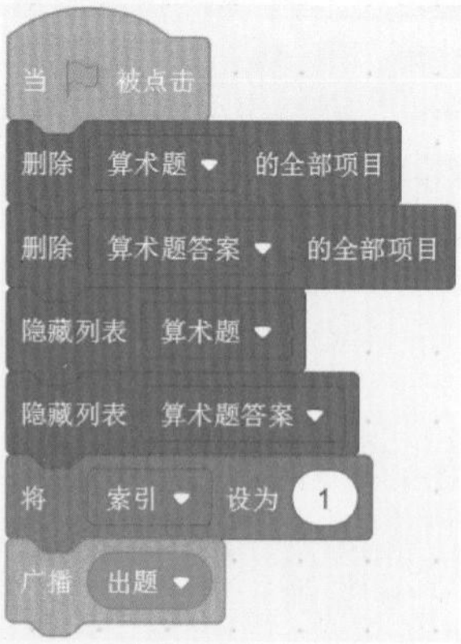

图 11-53 猫咪的代码 -1

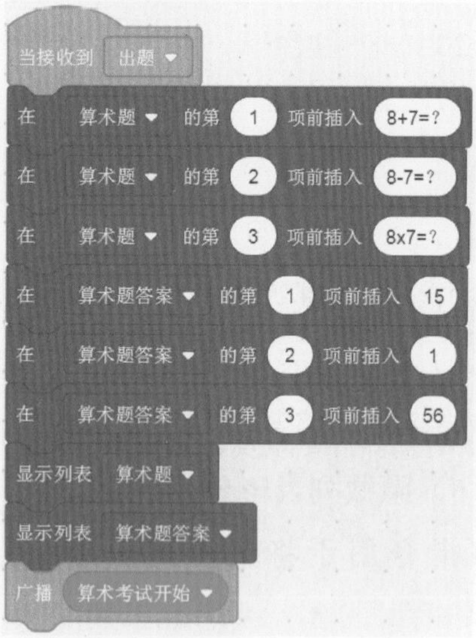

图 11-54 猫咪的代码 -2

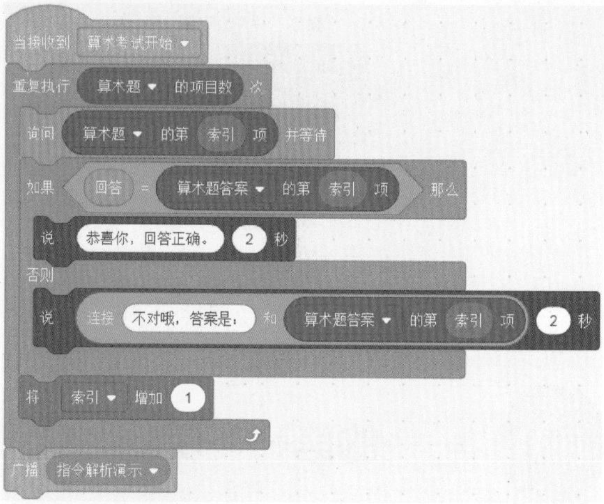

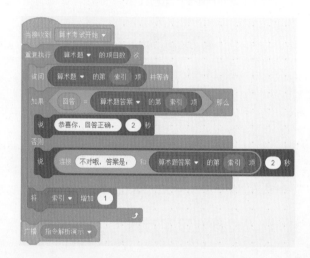

图 11-55 猫咪的代码 -3

图 11-56 猫咪的代码 -4

第 12 章　自制积木指令详解

随着我们创作设计的 Scratch 项目越来越多，提高编程效率，井井有条地管理我们的程序就越来越重要。自制的积木就是把若干指令集合在一起，然后给它们起一个名字，使用时直接调用即可。一般来说，自制的积木具有一个独立的功能，如同高级语言中某个具有特殊功能的函数"排序"，"排序"在很多的地方都要用到，在使用时直接调用即可。所以，自制积木可以提高编程效率，也有利于管理复杂的程序。

单击指令分类中的"自制积木"，如图 12-1 所示。

单击图 12-1 中"制作新的积木"，会出现如图 12-2 所示的界面。

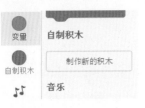

图 12-1　自制积木

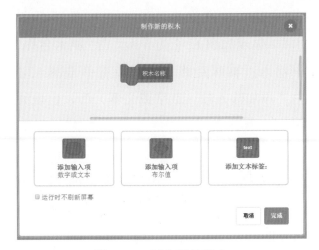

图 12-2　制作新的积木

12.1　自制第一个积木

12.1.1　为自制积木命名

新建一个角色"舞者"，我们从系统自带的角色库中选择 ballerina，该角色有四个造型，将角色名称修改为"舞者"。在图 12-2 中，单击"积木名称"，按照"见名知意"的原则输入积木的名称，名称应该与其功能相符。这里，我们输入积木名称"跳舞"，单击"完成"按钮。此时，在指令库中会出现一个积木"跳舞"，这个积木正是我们新建的，如图 12-3 所示。而在舞者的代码区，出现如图 12-4 所示的"定义跳舞"积木。

注意： 其余选项"添加输入项（数字或文本）""添加输入项（布尔值）""添加文本标签"暂时不要涉及，跳过即可。也不要勾选"运行时不刷新屏幕"。

图 12-3　指令库中新建的积木

图 12-4　代码区新建的定义积木

12.1.2　定义"跳舞"的功能

按照如图 12-5 和图 12-6 所示，将指令从指令库中拖动到代码区。

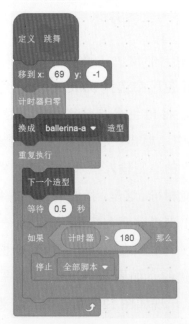

图 12-5　自制积木"跳舞"的代码 -1

图 12-6　自制积木"跳舞"的代码 -2

12.1.3　运行程序

给作品新建一个背景，从系统自带的背景库中选择 theater。单击舞台上的角色"舞者"，跳舞就开始了。

12.2　添加输入项（数字或文本）

在 12.1 中，我们自制了一个积木"跳舞"，这里仅仅有一个积木的名称，表示了积木的功能。但有的时候，我们需要给自制积木添加参数"输入项"。从图 12-2 可以看出，输入项有两种形式，另外还有一个文本，往往与参数配合使用。

利用这个功能，你可以自制类似"移动……步"的指令，如图 12-7 所示。输入是椭圆形空格，一般是数字或文本。布尔型数据只有两个值，即"1"（真）和"0"（假）。

图 12-7　移动……步

我们自制一个"猫咪走路……快慢"的积木，为自制积木命名并添加参数。

（1）单击指令库中的"制作新的积木"，显示如图 12-2 的界面，在"积木名称"中输入"猫咪走路"，紧接着单击图 12-2 中"添加输入项（数字或文本）"，出现如图 12-8 所示的界面。

（2）删除图 12-8 中的"number or text"，使其成为"空白"。紧接着单击图 12-2 中的"添加文本标签"，出现如图 12-9 所示的界面。

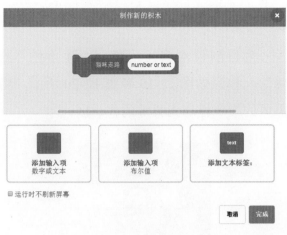

图 12-8 添加数字或文本输入项

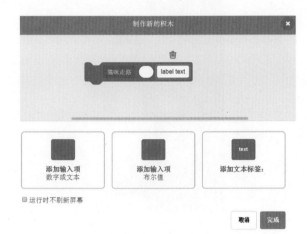

图 12-9 添加文本标签

（3）删除图 12-9 中的"label text"，按钮输入"快慢"，出现如图 12-10 所示的界面。

图 12-10 添加文本标签"快慢"

（4）单击"完成"后，在指令库中出现我们自制的积木"猫咪走路……快慢"指令，如图 12-11 所示。

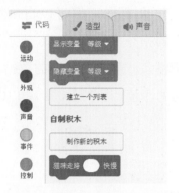

图 12-11 自制的积木显示在指令库中

（5）为自制积木编写代码。新建角色"猫咪"，按照如图 12-12 ～图 12-15 所示，将需要的指令拖动到猫咪的代码区。

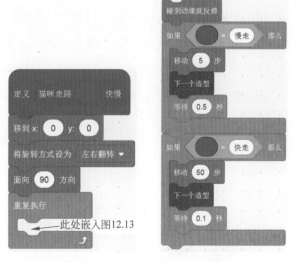

图 12-12 猫咪的代码 -1　　图 12-13 猫咪的代码 -2

图 12-14 猫咪的代码 -3　　图 12-15 猫咪的代码 -4

12.3　添加布尔值输入项和添加文本标签

利用这个功能，你可以自制类似"等待……"的指令，如图12-16所示。输入是六边形空格，一般是布尔型的数据。布尔型数据只有两个值，即"1"（真）和"0"（假）。

图 12-16　等待……

12.3.1　自制积木"猫咪走路……？"

单击指令库中的"制作新的积木"，显示如图12-2的界面，在"积木名称"中输入"猫咪走路"，紧接着单击图12-2中"添加输入项（布尔值）"，输入"按下鼠标"，再单击图12-2中"添加文本标签"，输入"？"，参考12.2节完成其余步骤。此时自制积木库中出现如图12-17所示的积木"猫咪走路……？"，舞台上出现如图12-18所示的界面。

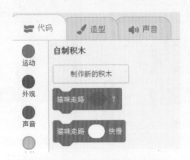

图 12-17　自制积木"猫咪走路……？"

图 12-18　自制积木"猫咪走路（鼠标按下）？"

12.3.2　使用自制积木编写代码

为自制积木编写代码。新建角色"猫咪"，按照如图12-19和图12-20所示，将需要的指令拖动到猫咪的代码区。

图 12-19　猫咪的代码-1

图 12-20　猫咪的代码-2

12.4　运行时是否刷新屏幕

12.4.1　是否刷新屏幕

在图12-2中，左下角有一个选项"运行时不刷新屏幕"，当勾选时"不刷新"，如果不勾选则"刷新"。先来设计一个小作品，然后选择试一试这两种情况有什么不同。

12.4.2 实例

新建一个角色"小球"，从系统自带的角色库中选择 ball。自制一个积木"造型滑动（步数）步"，如图 12-21 所示。为小球编写代码，如图 12-22 和图 12-23 所示。

图 12-21　自制积木"造型滑动（步数）步"

图 12-22　小球的代码 -1　　图 12-23　小球的代码 -2

12.4.3 运行程序

右击代码区中的图 12-21，在弹出的菜单中单击"编辑"，此时可以选择是否勾选"运行时不刷新屏幕"选项，读者可以试一试。当勾选"运行时不刷新屏幕"，小球就会"一步到位"，小球移动时你完全看不清，到达终点才可以看见。当不勾选"运行时不刷新屏幕"，说明程序执行时"刷新"，那么小球每走一步，你都会看清楚。

12.5　综合实例一

本实例的名称是"让我们跳起来吧"。

12.5.1　新建角色

新建一个角色"舞者"，从系统自带的角色库选择 ballerina，将角色名称修改为"舞者"，该角色有四个跳舞的造型。

12.5.2　自制新积木

自制新积木指令如图 12-24 所示。

图 12-24　自制新积木"舞蹈（风格）（时间）秒"

12.5.3　为角色编写代码

按照如图 12-25 ～图 12-28 所示，将需要的指令拖动到代码区。

图 12-25　舞者的代码 -1

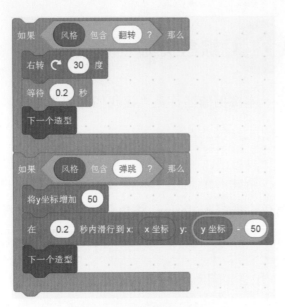

图 12-26　舞者的代码 -2

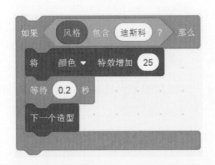

图 12-27　舞者的代码 -3（此图接图 12-26）

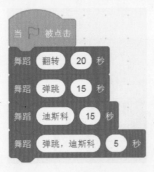

图 12-28　舞者的代码 -4

12.6　综合实例二

本实例的名称是"猫咪跳跃障碍"。

12.6.1　新建角色

新建两个角色"猫咪"和"障碍物"。猫咪从系统自带的角色库中选择 cat，该角色有两个造型。角色障碍物如图 12-29 所示，尺寸为 25×150，单位是像素。

图 12-29　障碍物

12.6.2　自制新积木

自制新积木"启动障碍""障碍复位""滑动障碍"和"侦测接触情况"，自制积木后，这些积木显示在角色"障碍物"的代码区中，分别如图 12-30 ～图 12-33 所示。

图 12-30　自制新积木"启动障碍"

图 12-31　自制新积木"障碍复位"

图 12-32　自制新积木"滑动障碍"

图 12-33　自制新积木"侦测接触情况"

12.6.3　为角色编写代码

新建两个变量"等级"和"跳跃"。

1. 障碍物的代码

猫咪的代码如图 12-34 和图 12-35 所示。

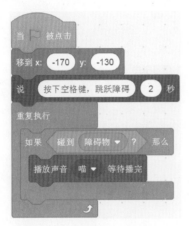

图 12-34　猫咪的代码 -1

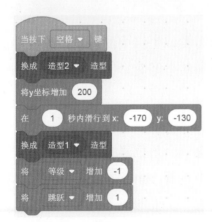

图 12-35　猫咪的代码 -2

2. 障碍物的代码

障碍物的代码如图 12-36 ～ 图 12-40 所示。

图 12-36　障碍物的代码 -1

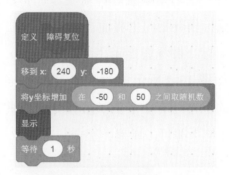

图 12-37　障碍物的代码 -2

图 12-38　障碍物的代码 -3

图 12-39　障碍物的
代码 -4

图 12-40　障碍物的
代码 -5

179

第 13 章 画笔类指令详解

画笔类指令属于Scratch3.0扩展类指令。当你每一次启动系统时，需要添加扩展类指令。鼠标指针指向主界面左下角如图 13-1 所示的图标（图标旁显示"添加扩展"），会出现如图 13-2 所示的添加扩展的界面，在该图的下方还有更多的扩展指令。在此，单击"画笔"即可，画笔类指令共有 9 条指令。

图 13-1 添加扩展类指令图标

图 13-2 添加扩展类指令界面

在编程中使用画笔时，其实你看不到实际的笔。你需要想象屏幕前的角色正拿着一支看不见的笔，你需要告诉角色在哪里画，什么时候落笔，什么时候抬笔，以及笔的颜色和粗细等。

13.1 全部擦除指令解析

该指令如图 13-3 所示。

图 13-3 全部擦除

指令解析：该指令用于清除在舞台上绘制的所有东西。

13.2 图章

该指令如图 13-4 所示。

图 13-4 图章

13.2.1 指令解析

作用类似生活中的图章，编程中的图章可以复制某个图案。

13.2.2 举例

新建一个角色"蝴蝶"，从系统自带的角色库中选择 butterfly 2，将角色名称修改为"蝴蝶"。按照如图 13-5 所示的代码，将需要的指令拖动到"蝴蝶"的代码区。

读者可以试一试，如果图 13-5 中没有"全部擦除"，当再次运行程序时，舞台上会出现什么？

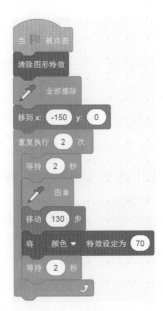

图 13-5 "蝴蝶"的代码

13.4 画笔的粗细和颜色等设置

涉及画笔的粗细和颜色的指令有 5 个，如图 13-7 所示。

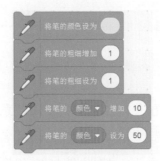

图 13-7 画笔的粗细和颜色等设置

13.4.1 指令解析即参数设置

1. 将笔的颜色设为……

给画笔设定某种颜色，具体设定方法请参考 11.2.1。

2. 将笔的粗细设为……

笔的粗细大小是指舞台的单位，如果设定为"1"，则笔的大小就是舞台的一个单位，即 2 个像素。参数设置请参考 6.1.2 节。

3. 将笔的粗细增加……

该指令可以在原来粗细的基础上，为笔增加某个值。参数设置请参考 6.1.2 节。

4. 将笔的……设为……

单击该指令右侧白色向下箭头，在弹出的菜单中有四个选项，如图 13-8 所示。参数设置请参考 6.1.2 节。

5. 将笔的……增加……

在原来笔的颜色值的基础上，增加某个值。参见图 13-7 所示。参数设置请参考

13.3 落笔和抬笔

指令"落笔"和"抬笔"往往联合使用，我们把它们放在一起解析，如图 13-6 所示。

图 13-6 落笔和抬笔

13.3.1 指令解析

一个角色在移动过程中，如果需要在舞台上"画"轨迹，必须使用指令"落笔"，反之，"画"轨迹结束后，需要抬笔。

13.3.2 举例

请参考 13.4.2 节。

6.1.2 节。

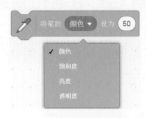

图 13-8　将笔的……设为……

13.4.2　举例

新建角色"七星瓢虫"，从系统自带的角色库中选择 ladybug1，将角色名称修改为"七星瓢虫"。按照图 13-9 和图 13-10 所示的代码，将需要的指令拖动到七星瓢虫的代码区。

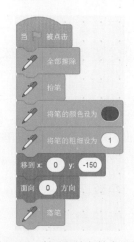

图 13-9　七星瓢虫的代码 -1

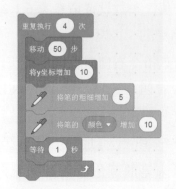

图 13-10　七星瓢虫的代码 -2

13.4.3　综合实例

实例的名称是"七星瓢虫织花布"。

1. 素材准备

1）七星瓢虫

设计一个角色"七星瓢虫"，从系统自带的角色库中选择 ladybug1，将角色名称修改为"七星瓢虫"。

2）背景

系统默认的背景是白色的，为配合本课内容，我们设计 5 幅淡雅的背景，如图 13-11 ～图 13-15 所示。背景尺寸为 960×720 像素。

图 13-11　背景 -1

图 13-12　背景 -2

图 13-13　背景 -3

图 13-14　背景 -4

图 13-15　背景 -5

3）音乐

为配合本课内容，我们从网络上下载歌曲《七星瓢虫》，并从系统自带的声音库中

选择声音文件 Xylo2。注意，音乐的内容、节奏和风格等应该与本实例动画相呼应。

2. 新建一个"项目"

打开 Scratch3.0 系统，单击主界面左上方"文件"菜单，在弹出的菜单中单击"新建项目"选项，此时是程序系统默认的界面，系统中默认的角色是一个猫咪，角色名称是"角色 1"，将该角色删除。单击主界面左上方"文件"菜单，在弹出的菜单中单击"保存到电脑"选项，选择文件保存到电脑中的路径，给该项目命名为"七星瓢虫织花布"。

3. 编写代码

将本实例角色、背景和音乐上传（或从系统选择），按照如图 13-16 ～图 13-19 所示，将需要的指令拖动到角色或背景的代码区。

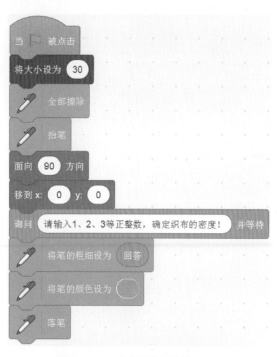

图 13-16　七星瓢虫的代码 -1

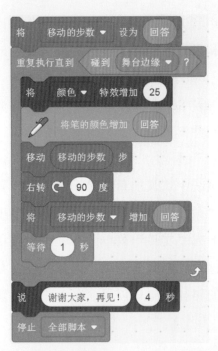

图 13-18　背景的代码 -1

图 13-17　七星瓢虫的代码 -2（此图接图 13-16）

图 13-19　背景的代码 -2

第14章 音乐类指令详解

音乐类指令属于 Scratch3.0 扩展类指令。当你每一次启动系统时，需要添加扩展类指令。鼠标指针指向主界面左下角的图标，会出现添加扩展的界面。在此，单击"音乐"即可。音乐类指令共有 7 条指令。

本章内容与节奏、节拍、速度和休止符有关，先让我们来学习和复习一下这方面的内容。

节奏是自然、社会和人的活动中一种与韵律结伴而行的、有规律的突变。用反复、对应等形式把各种变化因素加以组织，构成前后连贯的有序整体（即节奏），这是抒情性作品的重要表现手段。

节拍是衡量节奏的单位，比喻有规律的进程。在音乐中，指有一定强弱分别的一系列拍子每隔一定时间重复出现；在计算机术语中指一个 CPU 时钟周期；在运营管理理论中指在一个工作站上完成相邻两个产品的实际时间。

速度 tempo 是借用了意大利语的"时间"，其源于拉丁语的 tempus。现代音乐通常以"拍每分钟"（beats per minute，简写为 bpm）作为速度的单位。

有人把节奏、节拍比作音乐的骨骼，是很贴切的。什么是节奏？什么是节拍？很多人往往分不清。打个比喻，节拍就好像列队行进中整齐的步伐；节奏就好像千变万化的鼓点。所以我们说，有强有弱的相同的时间片断，按照一定的次序循环重复，就叫做"节拍"。用强弱组织起来的音的长短关系，就叫做"节奏"。具有典型意义的节奏，叫做"节奏型"。

节拍中的每一时间片断，叫做"单位拍"。也就是我们通常说的"一拍"。在节拍的每一循环中，只有一个强音时，带强音的单位拍，就叫做"强拍"。不带强音的单位拍，就叫做"弱拍"，如图 14-1 所示。

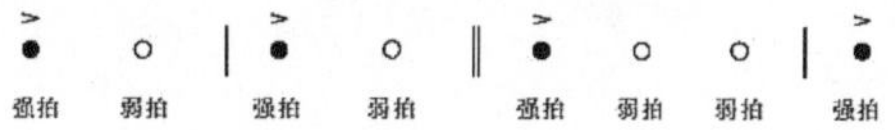

图 14-1　强拍和弱拍

在节拍的每一循环中，不只一个强音时，第一个带强音的单位拍就叫做"强拍"。其他带强音的单位拍，叫"次强拍"。不带强音的单位拍，叫做"弱拍"，如图 14-2 所示。

图 14-2　强拍、次强拍和弱拍

节拍的单位拍用固定的音符来代表，就叫做"拍子"。单位拍可以用各种基本音符来代表。表示拍子的记号，叫做"拍号"。拍号用分数的形式来标记。分子表示节拍的每一循环中有几拍。分母表示以什么音符为一拍。如每一循环有两拍,以四分音符为一拍,这就叫做"四二拍子",如图14-3所示。

$$\frac{2}{4} \quad \text{每一循环有两拍}\atop \text{以四分音符为一拍} \qquad \frac{3}{8} \quad \text{每一循环有三拍}\atop \text{以八分音符为一拍}$$

图14-3　四二拍子

关于拍号的读法,应先读分母,后读分子。2/4应读成"四二拍子"。3/8应读成"八三拍子"。不要读成"四分之二"拍子和"八分之三"拍子,因为拍号与分数不同。在乐曲中,由一个强拍到次一强拍的部分叫做"小节"。穿过五线谱使小节分开的垂直线,叫做"小节线"。

小节线永远作为强拍的标记写在强拍之前。小节线有实小节线、虚小节线和双小节线之分,如图14-4所示。

实小节线　　虚小节线　　双小节线

图14-4　实小节线、虚小节线和双小节线

双小节线又分为两种:两条小节线粗细相同,叫"段落线",作为乐曲分段的标记。

双小节线,左边的细,右边的粗,叫做"终止线",记在乐曲的最后,表示乐曲的结束,如图14-5所示。

段落线　　　终止线

图14-5　段落线和终止线

乐曲由拍子的弱部分开始,叫做"弱起"。乐曲由拍子的弱部分开始的小节,叫做"弱起小节",弱起小节是不完全小节。乐曲由不完全小节开始,结尾一般也是不完

全小节,两个小节合在一起构成一个完全小节。乐曲由不完全小节开始,计算小节时,由第一个完全小节算起。

用以记录不同长短的音的间断的符号叫做休止符。常用的有全休止符、二分休止符、四分休止符、八分休止符、十六分休止符和三十二分休止符。它们的关系是前一个与后一个的比例是2∶1。例如:1个全休止符=2个二分休止符;1个二分休止符=2个四分休止符等。

14.1　击打(……)(……)拍

该指令如图14-6所示。

图14-6　击打(……)(……)拍

14.1.1　指令解析

单击该指令右侧白色向下箭头,弹出如图14-7和图14-8所示的仿乐器音色的菜单,共18种。

图14-7　仿乐器音色菜单-1

图 14-8　仿乐器音色菜单 -2

14.1.2　参数设定方法

对于乐器音色，单击该指令右侧白色向下箭头，在弹出的菜单中选择即可。对于音乐的节拍，单击积木中的白框，白框中的颜色变成了蓝色，此时从键盘上输入节拍数值即可。在单击白框改变颜色后，也可以按键盘上的 Del 键将原来的内容清除，然后再输入需要设置的内容。下同，不再赘述。

14.1.3　举例

新建角色猫咪，按照如图 14-9 和图 14-10 所示的代码，将需要的指令拖动到猫咪的代码区，听一听音乐节拍的变化，可以选择其他音色再听一听。

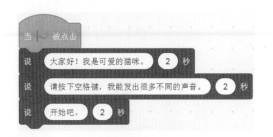

图 14-9　猫咪的代码 -1

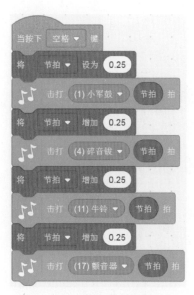

图 14-10　猫咪的代码 -2

14.2　休止……拍

该指令如图 14-11 所示。

图 14-11　休止……拍

14.2.1　指令解析

表示不同长短的音的间断。

14.2.2　参数设定方法

请参考 14.1.2 节。

14.2.3　举例

新建角色"猫咪"，按照如图 14-12 所示的代码，将需要的指令拖动到猫咪的代码区。按下空格键，听一听节拍的变化。

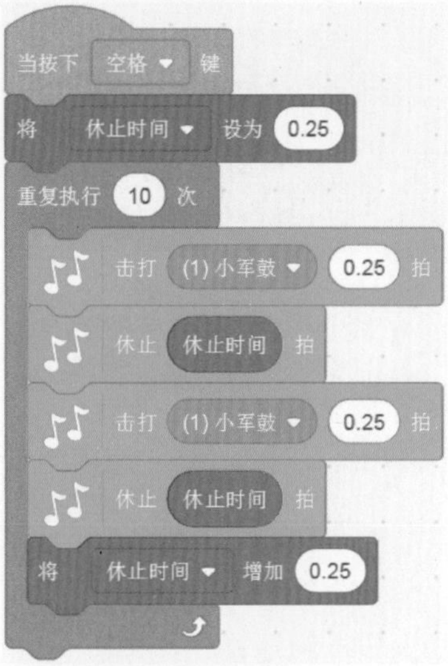

图 14-12　休止时间的演示代码

图 14-14　音符试听代码

运行程序，让变量音符显示在舞台上，观察变量的变化并试听。如果音符值在 0 ~ 20，这些音符听起来并不像任何声乐；而当音符在 20 ~ 120，音高才逐渐增加；当音符在 120 ~ 130，音高的增加便停止了。

14.3　演奏音符（……）（……）拍

该指令如图 14-13 所示。

图 14-13　演奏音符（……）（……）拍

14.3.1　指令解析

音符值为 0 ~ 130，是一些听上去四不像的声音。

14.3.2　参数设定方法

请参考 14.1.2 节。

14.3.3　举例

新建角色"猫咪"，按照如图 14-14 所示的代码，将需要的指令拖动到猫咪的代码区。

14.4　将乐器设为……

该指令如图 14-15 所示，在弹出的菜单中共有 21 种乐器。

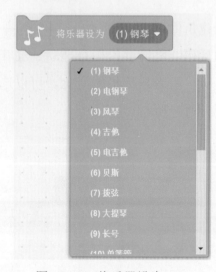

图 14-15　将乐器设为……

14.4.1 指令解析

该指令一般配合指令"演奏音符（……）（……）拍"使用，将某音符声音设定为某种乐器声音。

14.4.2 参数设定方法

单击该指令右侧白色向下箭头，在弹出的菜单中选择即可。

14.4.3 举例

新建一个角色"猫咪"，按照如图 14-16 所示的代码，将需要的指令拖动到猫咪的代码区。读者听一听，猫咪在弹奏什么乐曲？

图 14-16　猫咪弹奏《东方红》

14.5　将演奏速度设定为……

该指令如图 14-17 所示，最小设定值为 20。

图 14-17　将演奏速度设定为……

14.5.1 指令解析

演奏速度控制着节拍的持续时间，速度通过每分钟节拍数来衡量。因此，如果将速度设定为 60，那么它将每秒播放一次。如果你想在一分钟内加快音乐速度并获得更多音符，可以通过指令"将演奏速度设定为……"来实现。如果你将速度设定为 120，那么每半秒就会播放一次。

14.5.2 参数设定方法

单击该指令空白处，从键盘输入数字即可，也可以嵌入数字变量（椭圆形）。

14.5.3 举例

新建角色"猫咪"，按照如图 14-18 和图 14-19 所示的代码，将需要的指令拖动到猫咪的代码区。

图 14-18　演奏速度的演示代码 -1

图 14-19 演奏速度的演示代码 -2

将演奏速度增加……

该指令如图 14-20 所示。

图 14-20 将演奏速度增加……

14.7 演奏速度

该指令如图 14-21 所示。

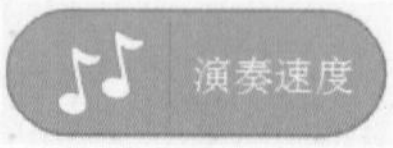

图 14-21 演奏速度

第 15 章　视频侦测类指令详解

15.1　视频侦测概述

15.1.1　添加扩展

视频侦测类指令属于 Scratch3.0 扩展类指令。当你每一次启动系统时，需要添加扩展类指令。视频侦测类指令共有 4 条指令。

15.1.2　视频侦测原理

传统的视频监视控制系统只是将各摄像机的信号在主控室的监视器显示出来，监视场景动态情况的判断需要操作员目视完成。执行这种过程耗费时间和精力，因此引入移动侦测非常有必要，通过移动侦测，一旦移动程度超过了检测阈值，通过发出报警或启动存储装置方式来提醒，从而及时通知监控人员，避免重大损失。

目前，视频侦测的原理有三种，即背景减除法、时间差分法和基于光流的方法。

1. 背景减除法

背景减除法是目前运动检测中最常用的一种方法，它是利用当前图像与背景图像的差分来检测出运动区域的一种技术。它一般能够提供最完全的特征数据，但对于动态场景的变化，如光照和外来无关事件的干扰等

特别敏感。最简单的背景模型是时间平均图像，大部分的研究人员目前都致力于开发不同的背景模型，以期待减少动态场景变化对于运动分割的影响。

2. 时间差分法

时间差分法是在连续的图像序列中两个或三个相邻帧间，采用基于像素的时间差分并且阈值化来提取出图像中的运动区域。时间差分运动检测方法对于动态环境具有较强的自适应性，但一般不能完全提取出相关信息。

3. 基于光流的方法

基于光流方法的运动检测采用了运动目标随时间变化的光流特性，如 Meyer 等通过计算位移向量光流场来初始化基于轮廓的跟踪算法，从而有效地提取和跟踪运动目标。该方法的优点是在摄像机运动存在的前提下也能检测出独立的运动目标。然而，大多数的光流计算方法相当复杂，且抗噪性能差，如果没有特别的硬件装置是不能被应用于全帧视频流的实时处理的。

此外，在运动检测中还有一些其他的方法，如运动向量检测法。其适合于多维变化的环境，能消除背景中的振动像素，使某一方向的运动对象更加突出地显示出来，但运动向量检测法也不能精确地分割出对象。

15.1.3 视频侦测指令

如果你有网络摄像头，就可以利用它将视频添加到舞台背景中，也可以使用摄像头与角色互动。使用视频侦测指令，可以创作体感游戏。体感游戏是利用摄像头将捕捉到的人物动作转化为数据，通过数据分析了解人物身体或手势动作，实现直接的人机互动效果。在这里，我们无须使用任何复杂的控制设备，直接使用肢体动作与周边的装置或环境进行互动，使人们有身临其境的感觉，其实质是就光流技术。在 Scratch 编程实践中感受"视频感知"技术的魅力，体验虚拟现实技术和人工智能的有趣互动。

15.2 当视频运动大于……

该指令如图 15-1 所示。

图 15-1 当视频运动大于……

15.2.1 指令解析

该指令中的参数就是当摄像头捕捉到的运动物体传送给舞台，物体相对于舞台背景或舞台上角色的变化值，这里的参数相当于一个"阈值"。当运动变化超过这个"阈值"时，就会执行该指令后面的指令。参数的取值范围是 0 ~ 100，数值越小敏感度越高，数值越大敏感度越低。

15.2.2 参数设定方法

单击积木中的白框，白框中的颜色变成了蓝色，此时从键盘上输入需要设置的数值即可。

15.2.3 举例

新建一个角色"变色小球"，从系统自带的角色库中选择 ball，从系统自带的声音库中选择声音文件 doorbell，按照如图 15-2 和图 15-3 所示，将需要的指令拖动到"变色小球"的代码区。

图 15-2 变色小球的代码 -1

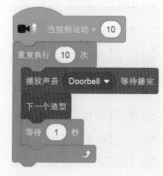

图 15-3 变色小球的代码 -2

对着摄像头移动你的手，看看会发生什么？可以修改参数值"10"，对比运行程序的效果。

15.3 相当于……的视频……

该指令如图 15-4 所示。

图 15-4 相当于……的视频……

15.3.1 指令解析

该指令的意思是"针对什么"而"侦测什么"。针对什么是指"角色"或"舞台"，侦测什么是指"运动"或"方向"。

15.3.2 参数设定方法

单击指令右侧白色向下箭头，在弹出的菜单中选择即可。

15.3.3 举例

新建一个角色"猫咪"，按照如图 15-5 所示，将需要的指令拖动到"猫咪"的代码区。对着摄像头移动你的手，看看会发生什么？

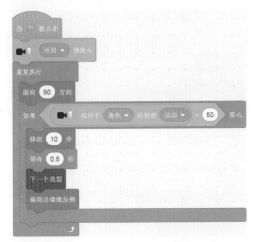

图 15-5 相对于角色猫咪运动的视频侦测代码

15.4 ……摄像头

该指令如图 15-6 所示。

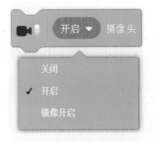

图 15-6 ……摄像头

15.4.1 指令解析

该指令有三个选项，即"开启摄像头""关闭摄像头"和"镜像开启摄像头"。手机自拍时，图片左右是相反的，用自拍镜像功能，就可以使其恢复正常。同样，"镜像开启摄像头"功能可以使摄像头拍到实物的图片正常显示。

15.4.2 参数设定方法

单击该指令右侧的白色向下箭头，从中选择即可。

15.5 将视频透明度设为……

该指令如图 15-7 所示。

图 15-7 将视频透明度设为……

15.5.1 指令解析

视频透明度的取值范围为 0 ～ 100，数值越小视频中的物体越清晰可见，数值越大视频中的物体就越模糊，直到看不见。

15.5.2 参数设定方法

单击该指令空白处，从键盘上输入数值即可。

15.5.3 综合实例

该实例的名称是"挥挥手来切西瓜"。

1. 新建一个"项目"

打开 Scratch3.0 系统，单击主界面左上方"文件"菜单，在弹出的菜单中单击"新建项目"选项，此时是程序系统默认的界面，系统中默认的角色是一个猫咪，角色名称是"角色 1"，将该角色名称修改为"猫咪"。单击主界面左上方"文件"菜单，在弹出的菜单中单击"保存到电脑"选项，选择文件保存到电脑中的路径，给该项目命名为"挥挥手来切西瓜"。

2. 新建角色

（1）新建一个角色"西瓜"，从系统自带的角色库中选择角色 watermelon，该角色有三个造型，从角色的造型库中复制第二个造型并将方向左右翻转（单击"水平翻转"即可）。此时角色的造型库中有四个造型，分别命名为"西瓜""被切西瓜 -1""被切西瓜 -2"和"被切西瓜 -3"。

（2）新建一个角色"地球"，从系统自带的角色库中选择角色 earth，将角色命名为"地球"。

3. 添加声音文件

从系统自带的声音文件库中选择声音文件 earth、scream1 和 meow。

4. 新建变量

新建变量"分数"。

5. 编写代码

按照图 15-8 ～图 15-15 所示，将需要的指令拖动到代码区。

图 15-8　猫咪的代码

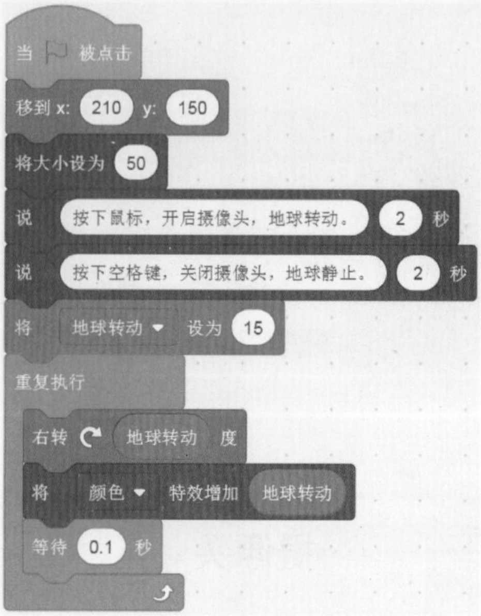

图 15-9　地球的代码 -1

图 15-10　地球的代码 -2

图 15-11　地球的代码 -3

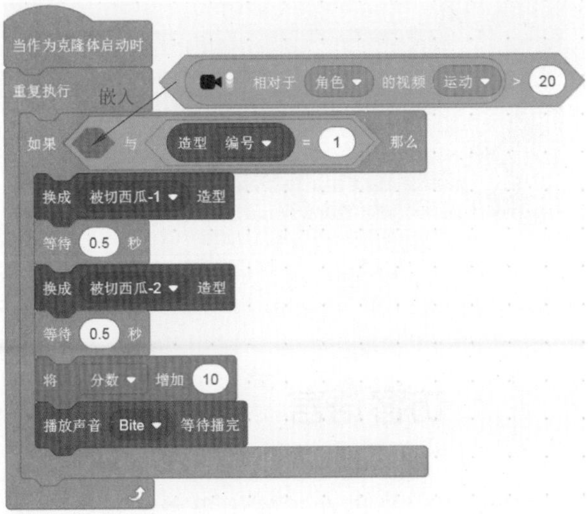

图 15-12　西瓜的代码 -1

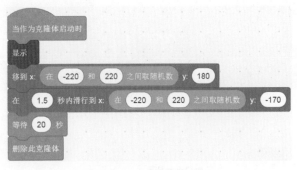

图 15-13　西瓜的代码 -2

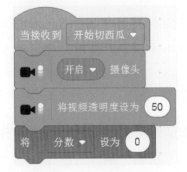

图 15-14　西瓜的代码 -3

图 15-15　西瓜的代码 -4

第 16 章　翻译类指令详解

16.1　添加扩展

视频侦测类指令属于 Scratch3.0 扩展类指令。每一次启动系统时，需要添加扩展类指令。

找到并单击如图 16-1 所示的"翻译"图标，添加扩展指令成功后，会在指令库分类中的下方出现"翻译"图标。

图 16-2　将……译为……

新建角色"猫咪"，将如图 16-3 所示的程序从指令库中拖动到角色的代码区，运行该程序，观察体会。

图 16-1　翻译图标

图 16-3　猫咪的代码

16.2　将……译为……

该指令如图 16-2 所示。该指令将指令空白处的语言翻译为设定的语言。

16.3　访客语言

访客语言是指在系统中设定的语言，该指令如图 16-4 所示。

图 16-4　访客语言

在系统中设定语言的方法：单击系统主界面左上方"小地球"的白色向下箭头，在出现的菜单中选择你需要的语言，如图 16-5 所示。

图 16-5　设定系统语言

将系统语言设定为"简体中文"，在如图 16-6 所示的代码中可以看出。

图 16-6　将系统语言设定为简体中文

如果我们将系统语言设定为"日语"，在如图 16-7 所示的代码中可以看出发生了变化。

图 16-7　将系统语言设定为日语

一旦在系统中设定某种语言，在使用中是不会变的，图 16-6 和图 16-7 中仅仅是将变量"语言种类"改变了，与系统设定的语言没有关系。

如果在指令库中的指令"访客语言"的前面勾选，舞台上会出现系统设定的语言，如图 16-8 所示，可以看出，我们当前是将系统语言设定为"简体中文"的。

图 16-8　在舞台上显示访客语言

运行如图 16-9 所示的程序，可以判断系统语言是不是简体中文。

图 16-9　判断访客语言代码